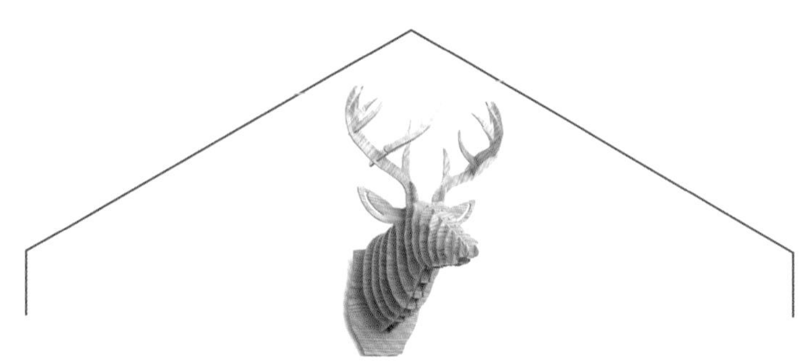

家装配色+软装陈设

实用图典

北欧风格

理想·宅 编著

北京希望电子出版社
Beijing Hope Electronic Press
www.bhp.com.cn

内容简介

北欧家居设计风格摈弃浮华的线条和装饰，还原材质的本来美感。优美简洁的线条，自然明快的色彩，简洁实用的家具都令人神往。本书精选国内外主流的北欧风格设计案例图片五百余张，对案例的配色设计与软装搭配进行详细讲解，重点标注软装元素与局部展示，搭配 CMYK 的配色值，帮助读者掌握北欧风格要点的同时进一步了解北欧家居风格设计的色彩搭配。

图书在版编目（CIP）数据

家装配色 + 软装陈设实用图典 . 北欧风格 / 理想 · 宅编著 . — 北京：北京希望电子出版社，2018.4

ISBN 978-7-83002-605-9

Ⅰ . ①家… Ⅱ . ①理… Ⅲ . ①住宅－室内装饰设计－图集 Ⅳ . ① TU241-64

中国版本图书馆 CIP 数据核字（2018）第 054702 号

出版：北京希望电子出版社

地址：北京市海淀区中关村大街 22 号 中科大厦 A 座 10 层

邮编：100190

网址：www.bhp.com.cn

电话：010-62978181（总机）转发行部

010-82702675（邮购）

传真：010-62543892

经销：各地新华书店

封面：骁毅文化

编辑：全　卫

校对：方加青

开本：889mm × 1194mm 1/16

印张：9

字数：210 千字

印刷：艺堂印刷（天津）有限公司

版次：2018 年 9 月 1 版 2 次印刷

定价：39.80 元

目录 contents

第一章 chapter 1

北欧自然风格

北欧自然风格是指崇尚自然，与自然环境相融，质朴的设计风格。它所呈现出来的是非常接近自然的原生态美感，没有一点多余的装饰，一切材质都袒露出原有的肌理和色泽。同时重视手工业，强调与大自然的融合。

未经加工的原木是北欧自然风格的宠儿

为了有利于室内保温，北欧人在进行室内装修时大量使用了隔热性能好的木材。因此，在北欧自然风格的室内装饰中，木材占有很重要的地位。北欧风格的家具中使用的木材，基本上使用的都是未经精细加工的原木。这种木材最大限度地保留了木材的原始色彩和质感，有很独特的装饰效果。

C0 M0 Y0 K0　C40 M23 Y36 K0　C12 M17 Y53 K0　C43 M55 Y68 K0

原木茶几

C12 M10 Y8 K0　C72 M52 Y38 K0　C43 M55 Y68 K0　　C43 M55 Y68 K0　C71 M72 Y74 K41

棉麻布艺沙发　原木茶几　　原木茶几　金属壁灯

C0 M0 Y0 K0　C45 M58 Y69 K0　C52 M48 Y55 K0

原木餐桌

C0 M0 Y0 K0　C45 M58 Y69 K0　C79 M43 Y74 K0

七椅　树杈吊灯

C17 M97 Y100 K0　C21 M27 Y36 K0　C49 M21 Y25 K0

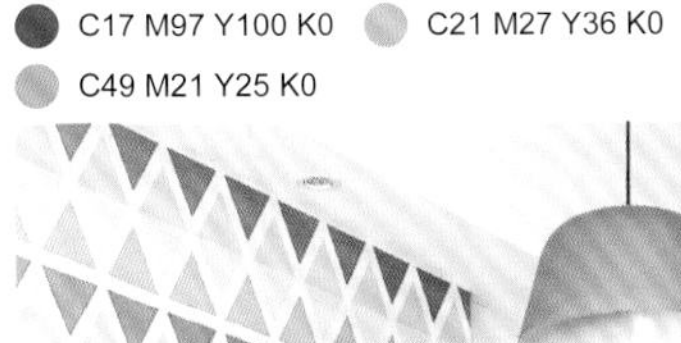

七椅　原木餐桌

TIPS

北欧的原木家具展现原始之美

枫木、橡木、云杉、松木和白桦是制作各种北欧家具的主要材料，它本身所具有的柔和色彩、细密质感以及天然纹理非常自然地融入到家具设计之中，展现出一种朴素、清新的原始之美。

- C0 M0 Y0 K0
- C34 M43 Y59 K0
- C86 M63 Y53 K10
- C68 M63 Y43 K0

原木贝壳椅

- C0 M0 Y0 K0
- C34 M43 Y59 K0

伊姆斯椅　原木餐桌

- C26 M34 Y64 K0
- C66 M58 Y55 K5
- C21 M27 Y36 K0

子宫椅　原木书架

C80 M76 Y80 K60
C34 M43 Y59 K0
C0 M0 Y0 K0
原木餐边柜
C34 M43 Y59 K0
C78 M21 Y45 K0
C0 M0 Y0 K0
伊姆斯椅
原木餐桌
C0 M0 Y0 K0
C8 M24 Y34 K0
C45 M68 Y56 K0
原木餐桌
金属餐椅
C0 M0 Y0 K0
C74 M55 Y22 K0
C34 M43 Y59 K0
C0 M0 Y0 K0
C29 M40 Y55 K0
原木餐桌椅
原木餐桌椅
玻璃花器

藤编、陶艺材质彰显反璞归真格调

北欧自然风格追求简洁质朴，因此，传统的手工陶艺、天然的藤编家具或饰品是软装的主流。另外，室内不需要太多的点缀和装饰；图案以纯色及带有几何图形的纹理最常见。

C0 M0 Y0 K0　C51 M61 Y69 K5　C80 M76 Y80 K60

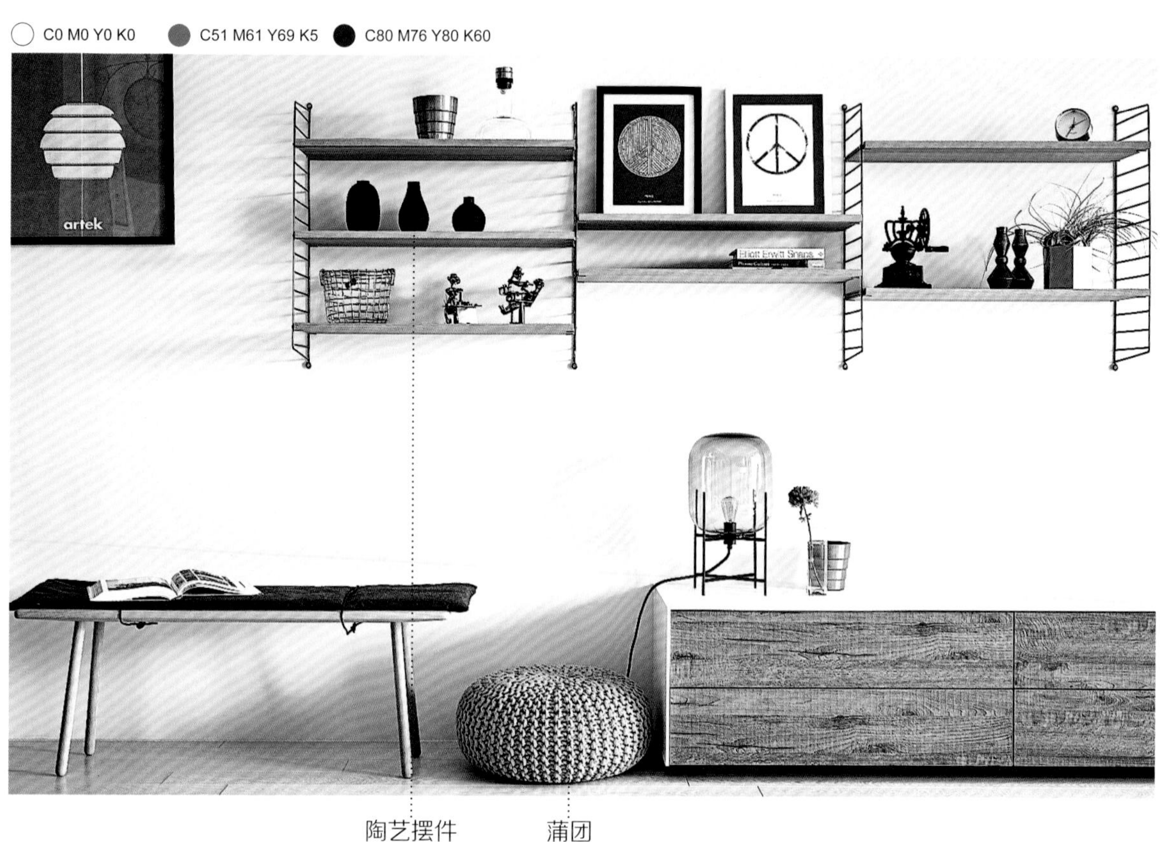

陶艺摆件　蒲团

C70 M62 Y58 K10　C45 M61 Y61 K0　C0 M0 Y0 K0

C43 M55 Y68 K0　C71 M47 Y36 K0　C39 M32 Y33 K0

藤制花篮　陶艺摆件

C38 M36 Y42 K0
C62 M68 Y89 K31
棉麻布艺沙发
藤制收纳盒
C21 M32 Y32 K0
C33 M92 Y84 K0
C0 M0 Y0 K0
小脚沙发
藤编地毯
C68 M41 Y88 K0
C0 M0 Y0 K0
C28 M44 Y53 K0
陶艺摆件
棉麻布艺沙发
C56 M67 Y81 K18
C64 M35 Y37 K0
C0 M0 Y0 K0
彩色地毯
藤制收纳篮

C12 M10 Y8 K0　C43 M55 Y68 K0
C4 M41 Y91 K0

藤制餐椅

C34 M43 Y59 K0
C0 M0 Y0 K0

藤制收纳篮　七椅

C0 M0 Y0 K0　C66 M36 Y93 K0
C64 M68 Y75 K27

藤制收纳筐　亚麻布艺

C40 M32 Y30 K0　C93 M72 Y0 K0
C34 M43 Y59 K0

陶制摆件　原木凳子

C0 M0 Y0 K0　C67 M59 Y60 K8
C26 M28 Y49 K0

藤制收纳筐　亚麻布艺

C49 M69 Y96 K12
C59 M40 Y18 K0
C0 M0 Y0 K0
原木电视柜
藤制收纳筐
C42 M48 Y53 K0
C5 M20 Y85 K0
C0 M0 Y0 K0
北欧摇椅
藤制蒲团
C0 M0 Y0 K0
C49 M69 Y96 K12
棉麻织物
C39 M52 Y69 K0
C47 M42 Y18 K0
C0 M0 Y0 K0
陶制厨房用具
木质橱柜

北欧自然风格多用棉麻织物

北欧自然风格的陈设与装饰物力求淳朴、自然，而棉麻材质质朴又容易打理，是北欧自然风格常用的材质。它代表了一种反璞归真、崇尚原味的时尚潮流。人们除了用棉麻织物制作抱枕、沙发和地毯、窗帘外，还用他们制作灯罩、布艺隔断和装饰品等。

C0 M0 Y0 K0　C21 M21 Y20 K0　C18 M18 Y25 K0

海洋类饰品

棉麻布艺沙发

C24 M37 Y44 K0　C77 M76 Y70 K47
C57 M92 Y89 K47

电镀吊灯　棉麻布艺沙发

C25 M21 Y18 K0　C0 M0 Y0 K0
C30 M29 Y87 K0

棉麻布艺沙发

C0 M0 Y0 K0　C52 M48 Y50 K0
C37 M62 Y68 K0

实木子母茶几　棉麻布艺沙发

C36 M29 Y23 K0　C64 M47 Y31 K0
C34 M43 Y59 K0

棉麻布艺沙发　原木小茶几

C0 M0 Y0 K0　C67 M59 Y60 K8
C30 M29 Y87 K0

棉麻布艺抱枕　原木小茶几

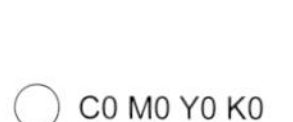

C0 M0 Y0 K0
C35 M33 Y32 K0

棉麻桌布

C39 M46 Y78 K0　C72 M62 Y53 K0
C0 M0 Y0 K0

棉麻布艺　木框架座椅

C45 M100 Y100 K15　C51 M45 Y43 K0
C26 M29 Y31 K0

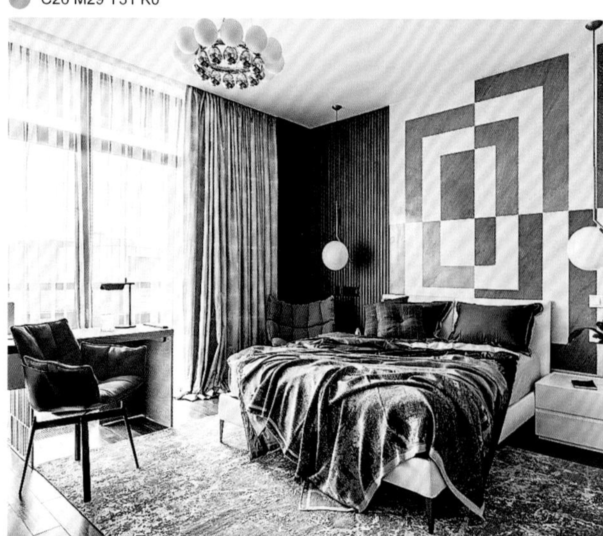

棉麻布艺

C16 M21 Y25 K0
C0 M0 Y0 K0

原木床　棉麻地毯

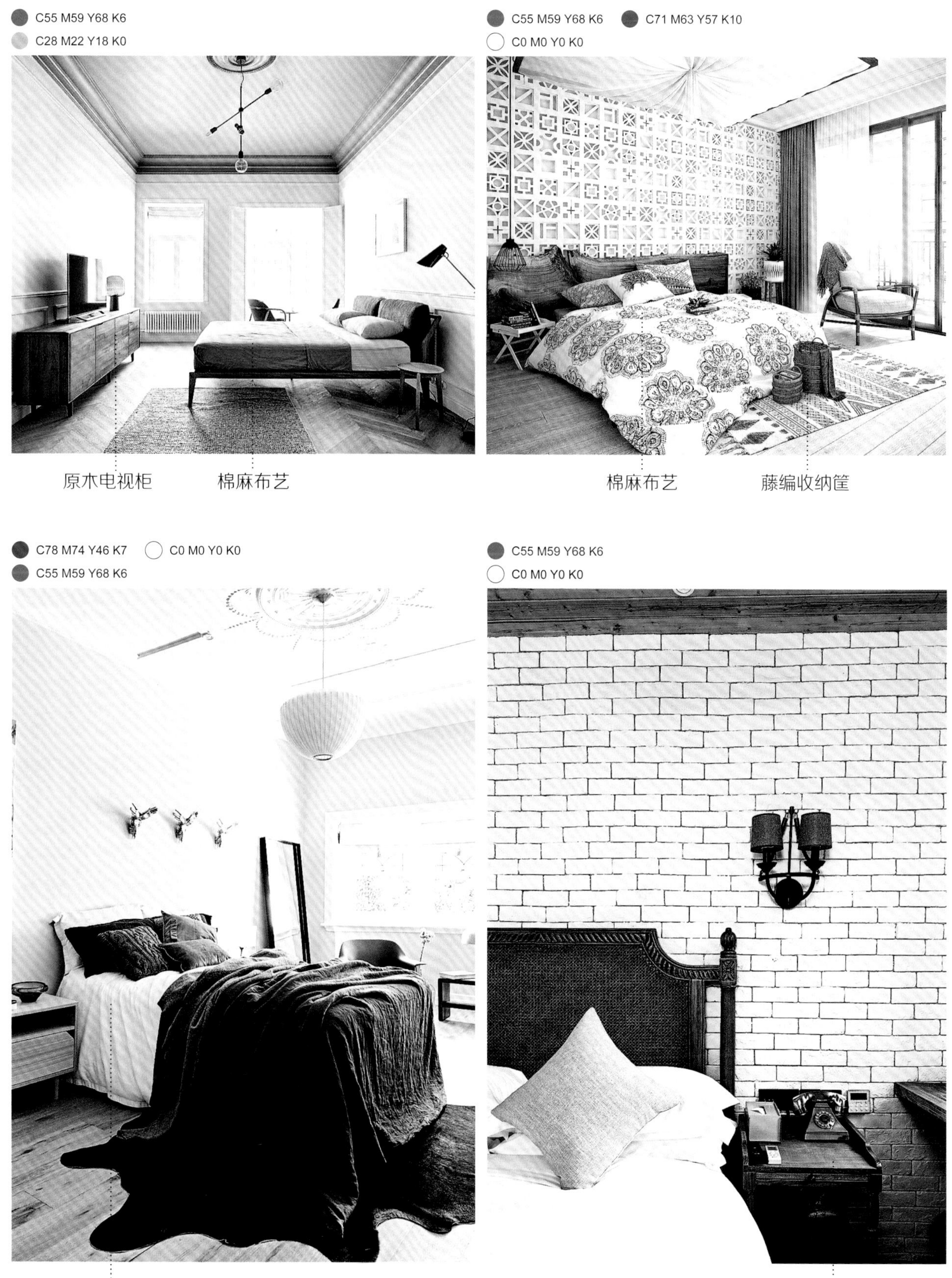
C55 M59 Y68 K6
C28 M22 Y18 K0
原木电视柜
棉麻布艺
C55 M59 Y68 K6
C71 M63 Y57 K10
C0 M0 Y0 K0
棉麻布艺
藤编收纳筐
C78 M74 Y46 K7
C0 M0 Y0 K0
C55 M59 Y68 K6
棉麻床品
C55 M59 Y68 K6
C0 M0 Y0 K0
原木床头柜

软装图案大多来源于自然

北欧人非常注重对自然的保护，生活离不开自然，自然环境也回馈他们丰富的灵感。比如很多北欧纺织品的设计图案，源于自然里面的树叶、花朵、动物，甚至海洋生物。

小脚沙发　绿植挂画

C43 M93 Y90 K10　C45 M61 Y61 K0　C0 M0 Y0 K0

飞鸟挂画　棉麻布艺沙发

C24 M15 Y11 K0　C45 M61 Y61 K0　C53 M31 Y59 K0

素色沙发

C30 M14 Y18 K0　C37 M38 Y77 K0　C19 M12 Y74 K0

原木梯子架　布艺沙发　自然图案挂画

C22 M44 Y83 K0　C24 M78 Y71 K0　C73 M65 Y68 K25

自然风抱枕

C28 M43 Y57 K0　C70 M64 Y60 K13
C66 M49 Y67 K5

C0 M0 Y0 K0　C28 M43 Y57 K0
C69 M67 Y41 K0

自然风饰品　棉麻布艺餐椅　原木餐桌　花朵图案窗帘

C0 M0 Y0 K0　C34 M43 Y59 K0
C86 M63 Y53 K10

绿植图案抱枕　原木餐桌　铁艺花架

C24 M37 Y44 K0　C18 M26 Y65 K0
C63 M37 Y70 K0

几何形地毯

C94 M77 Y50 K14　C0 M0 Y0 K0
C19 M22 Y42 K0

自然风布艺

C0 M0 Y0 K0　C80 M22 Y84 K0
C0 M43 Y31 K0

绿植墙饰

C0 M0 Y0 K0　C7 M17 Y81 K0
C86 M82 Y82 K70

C67 M35 Y41 K0　C0 M0 Y0 K0
C30 M29 Y87 K0

自然风墙饰

海洋风墙饰

绿植 / 干花令北欧自然风格与室外交融

北欧自然风格尽量将一些室外的自然景物引入室内，营造一种室内外情景交融的感觉。北欧风格常见的绿植有琴叶榕、天堂鸟、虎尾兰、龟背竹、散尾葵、仙人掌等，可搭配藤编、水泥、黄铜材质的花盆等。干花中的尤加利叶也用的比较多，形成强烈的文艺气息，可搭配药瓶造型的玻璃花瓶。

C43 M71 Y86 K5　C21 M21 Y20 K0　C28 M26 Y91 K0

大型绿植　几何形地毯

C0 M0 Y0 K0
C66 M49 Y67 K5

绿色休闲椅　　小型绿植

C0 M0 Y0 K0　　C58 M44 Y17 K0
C37 M43 Y83 K0

小型绿植

C0 M0 Y0 K0　　C74 M64 Y8 K0
C33 M41 Y55 K0

大花图案座椅　　玻璃瓶插花

C39 M32 Y28 K0　C69 M39 Y95 K0
C0 M0 Y0 K0

布艺沙发　悬吊绿植

C39 M46 Y78 K0　C39 M32 Y28 K0
C0 M0 Y0 K0

干花

C45 M100 Y100 K15　C53 M45 Y39 K0
C69 M39 Y95 K0

照片墙　亚麻地毯　悬吊绿植

C48 M30 Y85 K0　C39 M46 Y78 K0
C0 M0 Y0 K0

玻璃瓶插花　照片墙

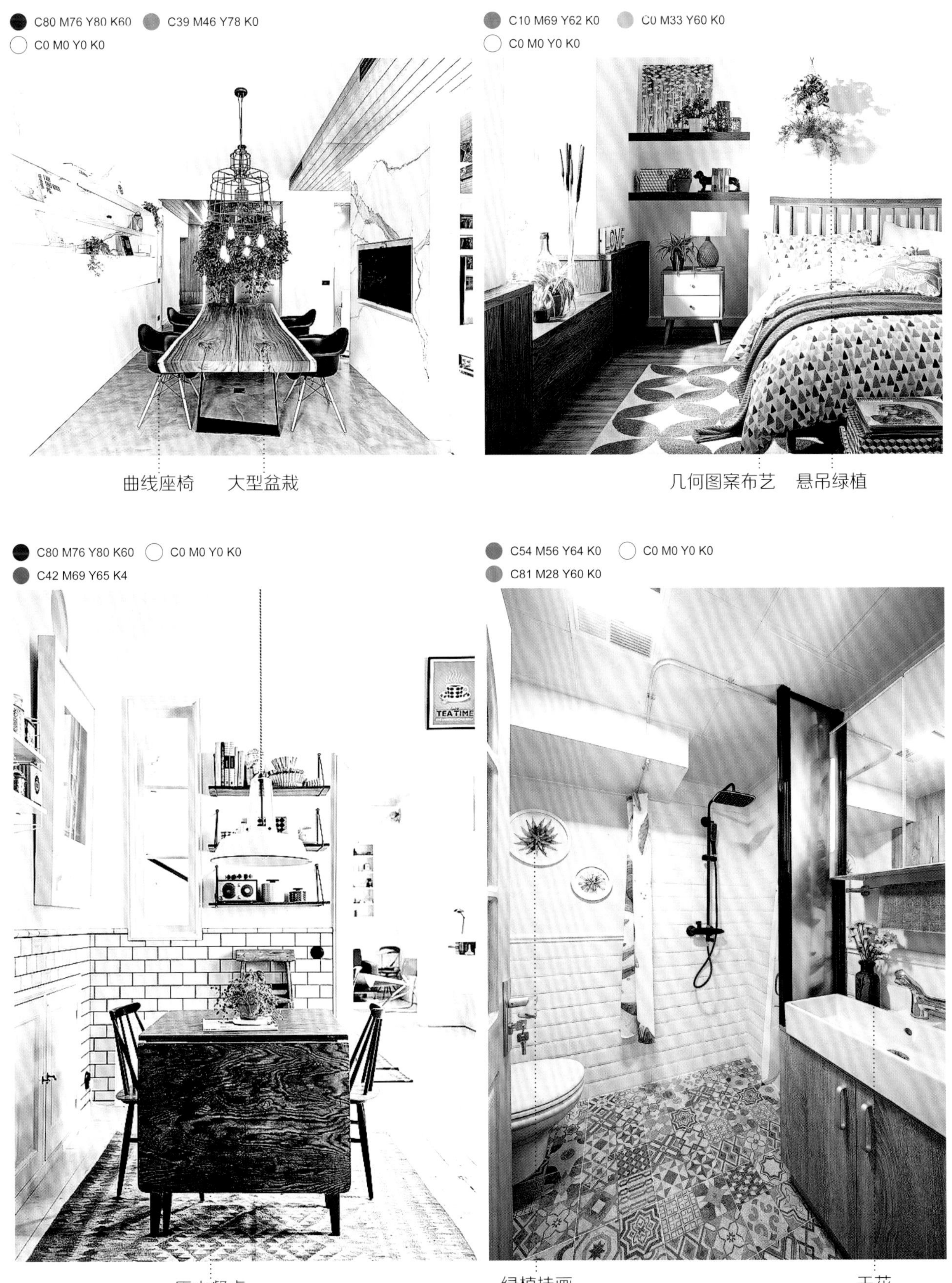
C80 M76 Y80 K60
C39 M46 Y78 K0
C0 M0 Y0 K0
曲线座椅
大型盆栽
C10 M69 Y62 K0
C0 M33 Y60 K0
C0 M0 Y0 K0
几何图案布艺
悬吊绿植
C80 M76 Y80 K60
C0 M0 Y0 K0
C42 M69 Y65 K4
原木餐桌
C54 M56 Y64 K0
C0 M0 Y0 K0
C81 M28 Y60 K0
绿植挂画
干花

谷仓门与北欧自然风气质相符

谷仓门具有节约空间、安装方便、装饰性强的优点。原木色谷仓门材质天然，与北欧自然风格的气质相符，常见原木色、亮黄色、果绿色、褐色的谷仓门，丰富空间配色。

C19 M34 Y41 K0　C19 M39 Y34 K0　C64 M33 Y76 K0

原木谷仓门　小脚沙发

C43 M93 Y90 K10　C45 M61 Y61 K0　C0 M0 Y0 K0

C11 M59 Y94 K0　C80 M76 Y80 K60　C48 M50 Y40 K0

原木谷仓门　七椅

亮色休闲椅　黑色谷仓门

C0 M0 Y0 K0　C72 M47 Y39 K0
C54 M78 Y89 K27

原木谷仓门

C0 M0 Y0 K0
C7 M11 Y71 K0

纯色谷仓门

C0 M0 Y0 K0　C31 M17 Y24 K0
C7 M11 Y71 K0

玻璃瓶插花　果绿色谷仓门

“鹿”造型饰品提升空间格调

鹿头壁挂装饰空间墙面，可避免墙面的单调感，也会令家居氛围充满自然气息。另外也可以采用梅花鹿造型的台灯、工艺品来提升空间格调。

C30 M24 Y24 K0　C0 M0 Y0 K0　C33 M96 Y100 K0

麋鹿墙饰　棉麻布艺沙发

C71 M21 Y45 K0　C80 M76 Y80 K60
C0 M0 Y0 K0

C43 M16 Y88 K0　C31 M23 Y26 K0
C0 M0 Y0 K0

纯色沙发　麋鹿墙饰

素色沙发　麋鹿墙饰

C77 M62 Y41 K0　C0 M0 Y0 K0
C42 M69 Y65 K4

C80 M76 Y80 K60　C0 M0 Y0 K0
C42 M35 Y29 K0

麋鹿摆件

亚麻布艺沙发　麋鹿墙饰

C0 M0 Y0 K0　C36 M65 Y100 K0
C20 M16 Y69 K0

纯色摇椅　麋鹿墙饰

C0 M0 Y0 K0　C51 M65 Y81 K10
C7 M11 Y71 K0

C0 M0 Y0 K0
C25 M18 Y15 K0

麋鹿墙饰　伊姆斯椅

金属麋鹿墙饰　几何形吧台椅

C38 M49 Y68 K0 C80 M76 Y80 K60
C0 M0 Y0 K0

C14 M18 Y19 K0 C56 M50 Y41 K0
C0 M0 Y0 K0

麋鹿墙饰 原木餐桌

麋鹿挂画

C81 M58 Y53 K7
C0 M0 Y0 K0

麋鹿墙饰 鱼线灯

C80 M76 Y80 K60 C0 M0 Y0 K0
C6 M76 Y92 K0

麋鹿墙饰

动物皮毛制品与北欧自然风格相契合

北欧人热衷狩猎文化，也将“蛮性”带入家中作为装饰品。所以经常会在北欧装修风格的家庭里看到动物元素，例如动物标本、毛发毯 / 垫或者牛皮地毯、牛皮椅子等，可以令空间品质感、生活痕迹十足。

C0 M0 Y0 K0　C29 M31 Y34 K0　C52 M43 Y38 K0

素色沙发　动物皮地毯

C43 M93 Y90 K10　C40 M34 Y33 K0　C0 M0 Y0 K0

做旧实木茶几　动物皮毛毯

C11 M59 Y94 K0　C80 M76 Y80 K60　C52 M48 Y46 K0

动物皮地毯

C28 M15 Y24 K0　C46 M42 Y53 K0
C30 M54 Y66 K0

素色沙发　牛皮座椅

C0 M0 Y0 K0　C27 M23 Y23 K0
C49 M64 Y64 K8

素色沙发　动物皮毛毯

C0 M0 Y0 K0
C39 M31 Y28 K0

棉麻布艺沙发　牛头壁挂

C49 M68 Y70 K6　C69 M61 Y55 K7
C0 M0 Y0 K0

动物皮毛毯

C80 M76 Y80 K60　C0 M0 Y0 K0
C17 M30 Y45 K0

动物皮地毯　泰迪熊椅

C45 M67 Y91 K5　C0 M0 Y0 K0
C40 M29 Y27 K0

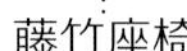

动物皮毛毯　藤竹座椅

C90 M76 Y31 K36　C0 M0 Y0 K0
C17 M30 Y45 K0

牛头壁挂

C73 M48 Y100 K9　C49 M79 Y83 K17　C0 M0 Y0 K0

牛皮座椅

C73 M48 Y100 K9　C54 M32 Y23 K0　C0 M0 Y0 K0

动物皮毛毯

伊姆斯椅

C52 M68 Y81 K13　C0 M0 Y0 K0　C80 M76 Y80 K60

动物皮地毯

C21 M28 Y39 K0　C30 M63 Y89 K0　C0 M0 Y0 K0

动物皮椅子

原木床

第二章 chapter 2

北欧现代风格

北欧现代设计是将本土的传统人文精神与现代主义相结合的设计。就风格而言，北欧设计是功能主义的，主张实用至上。而北欧现代软装设计与其相比，除了造型简洁的原木材质外，还可以选择金属、玻璃等新型材质。饰品多带有几何造型感。

布艺与金属结合为北欧家具增添现代感

北欧现代风格在设计家具时需要注意材质的搭配，选择少量带有金属腿的新型北欧家具，或采用布艺家具与金属家具结合的方式，可以给北欧风格增加更多的现代气息。

C0 M0 Y0 K0　C32 M48 Y75 K0　C52 M43 Y38 K0

铁艺子母茶几

C6 M50 Y69 K0　C40 M34 Y33 K0　C75 M61 Y56 K10

枝形分子吊灯　棉麻布艺沙发

C78 M52 Y100 K18　C75 M61 Y56 K10　C40 M34 Y33 K0

铁艺茶几

C73 M48 Y100 K9　C0 M0 Y0 K0
C50 M42 Y36 K0

金属腿座椅　棉麻布艺沙发

C31 M64 Y85 K0　C38 M30 Y27 K0
C0 M0 Y0 K0

金属腿餐椅

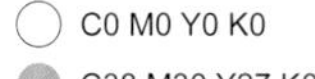
C0 M0 Y0 K0
C38 M30 Y27 K0

铁艺餐椅　板式餐桌

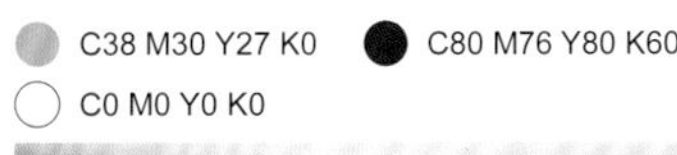
C38 M30 Y27 K0　C80 M76 Y80 K60
C0 M0 Y0 K0

金属蝴蝶椅子　伊姆斯椅

C57 M46 Y63 K0　C0 M0 Y0 K0
C17 M30 Y45 K0

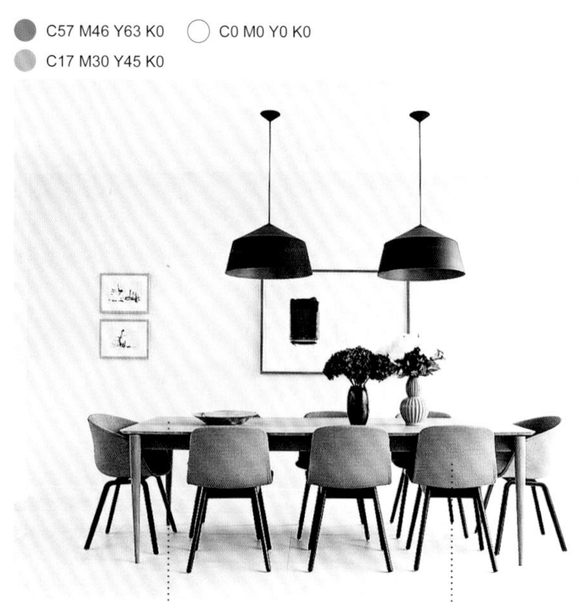

原木餐桌　金属腿座椅

C80 M76 Y80 K60　C48 M54 Y48 K0
C70 M62Y64 K16

金属伊姆斯椅

C45 M67 Y91 K5　C74 M76 Y59 K24
C0 M0 Y0 K0

金属腿座椅

C75 M58 Y57 K8　C0 M0 Y0 K0
C45 M67 Y91 K5

铁艺餐椅　原木餐桌

C53 M23 Y88 K0　C33 M91 Y70 K0
C0 M0 Y0 K0

板式餐桌　铁艺餐椅

C30 M44 Y57 K0　C80 M76 Y80 K60
C0 M0 Y0 K0

乐器吊灯　金属餐椅

C29 M36 Y41 K0　C0 M0 Y0 K0
C56 M50 Y52 K14

C67 M68 Y67 K23　C0 M0 Y0 K0
C45 M35 Y37 K0

金属腿座椅　原木收纳柜

金属腿 45 椅　伊姆斯椅

北欧现代风格多以淡色调、浊色调彩色为大面积色彩

除了常见的无彩色作为空间主色之外，北欧现代风格也常见淡色调、浊色调作为大面积色彩，这种配色可以令空间显得更加时尚、文艺。其中，淡色调常见蓝色，浊色调的范围较广泛，包括粉色、蓝色和绿色。需要注意的是，这种配色中同样需要大量白色、木色来作为色彩调剂。

C0 M0 Y0 K0　C32 M48 Y75 K0　C65 M41 Y27 K0

中性色座椅

C70 M45 Y36 K0　C38 M28 Y19 K0　C26 M36 Y43 K0

C74 M68 Y63 K24　C41 M32 Y28 K0　C26 M36 Y43 K0

饰品墙　中性色沙发

原木茶几

C26 M36 Y43 K0
C26 M0 Y30 K0

C0 M0 Y0 K0
C27 M23 Y23 K0
C80 M76 Y80 K60

果绿色沙发

灰色棉麻布艺沙发

C26 M0 Y30 K0
C0 M12 Y39 K0
C63 M57 Y40 K0

果绿色背景

原木子母茶几

C37 M14 Y23 K0　C49 M40 Y36 K0
C9 M15 Y31 K0

C48 M42 Y42 K0
C66 M47 Y39 K0

原木餐桌　伊姆斯椅　中性色吧台椅

C47 M56 Y68 K0　C0 M0 Y0 K0
C74 M68 Y63 K24

C28 M35 Y49 K0　C0 M0 Y0 K0
C49 M40 Y36 K0

原木 Y 椅　浊色调家具　中性色餐椅

C35 M12 Y21 K0 C0 M0 Y0 K0 C60 M50 Y44 K0

C30 M25 Y21 K0 C0 M0 Y0 K0 C54 M70 Y65 K10

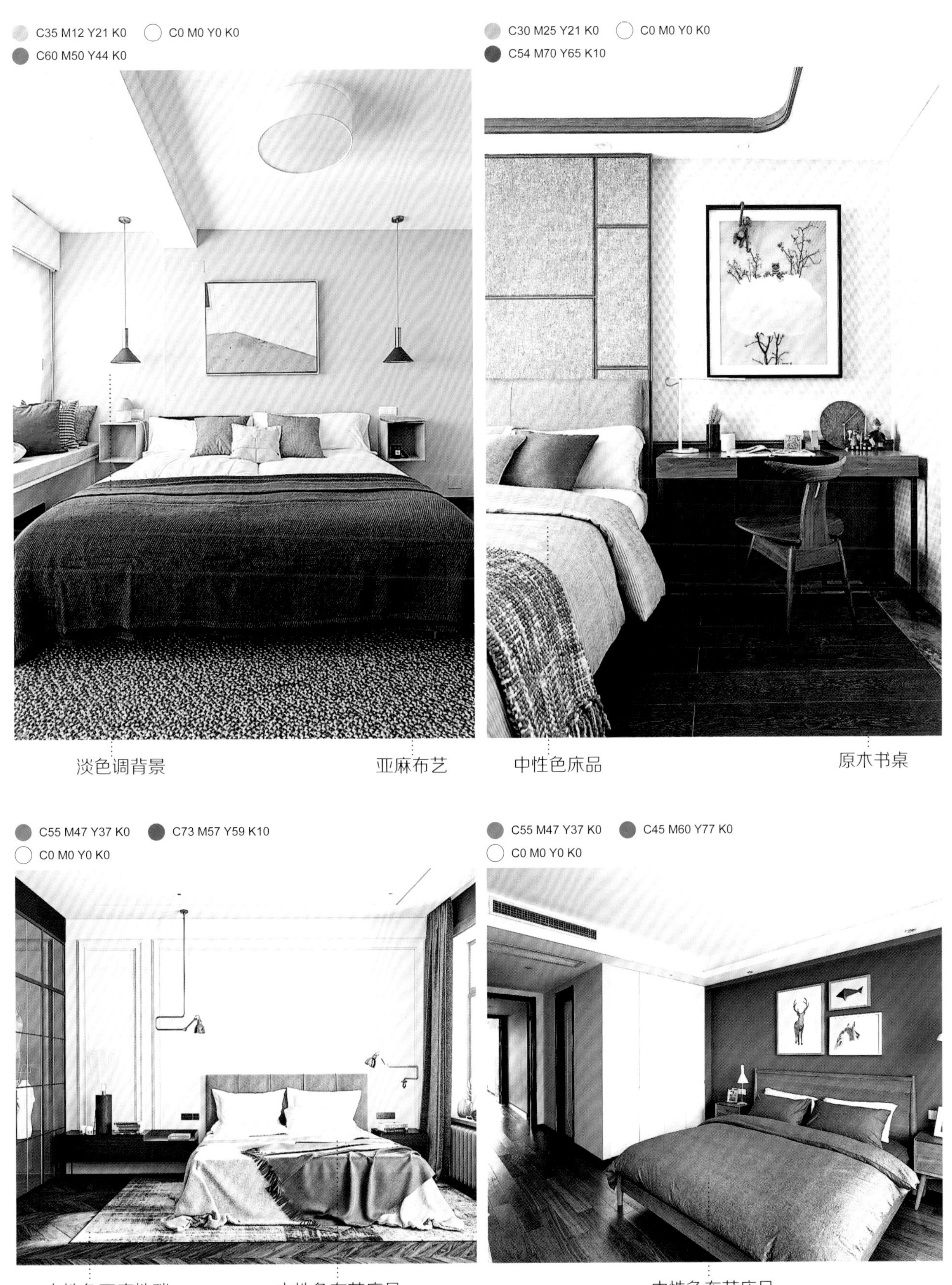

淡色调背景 亚麻布艺

中性色床品 原木书桌

C55 M47 Y37 K0 C73 M57 Y59 K10 C0 M0 Y0 K0

C55 M47 Y37 K0 C45 M60 Y77 K0 C0 M0 Y0 K0

中性色亚麻地毯 中性色布艺床品

中性色布艺床品

纯色调彰显北欧蓬勃的生命力

北欧地区由于地处北极圈附近，气候非常寒冷，有些地区还会出现长达半年之久的“极夜”。因此，北欧人在家具和饰品色彩的选择上，经常会使用一些鲜艳的纯色。力求打破色彩的宁静，表达出奔放、热情的色彩情绪，比如红色、橘色、黄色还有蓝色等。

C0 M0 Y0 K0　C0 M17 Y92 K0　C74 M17 Y45 K0

明黄色壁灯

明黄色餐椅

C0 M0 Y0 K0　C47 M43 Y89 K0
C76 M41 Y68 K0

C0 M0 Y0 K0　C82 M55 Y0 K0
C80 M76 Y80 K60

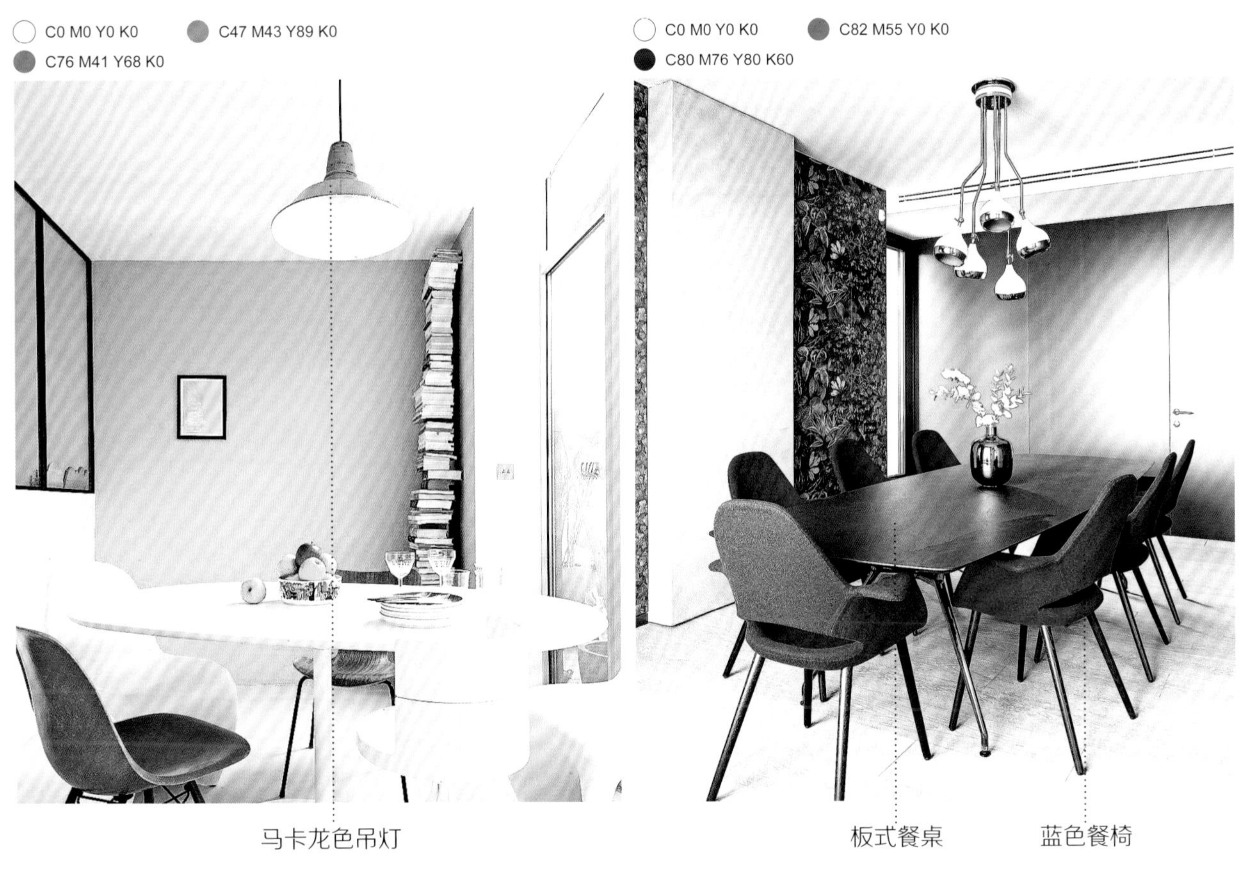

马卡龙色吊灯

板式餐桌　蓝色餐椅

C80 M33 Y26 K0　C0 M12 Y39 K0
C0 M87 Y74 K0

红色餐椅　红色挂画

C17 M26 Y89 K0
C80 M76 Y80 K60

黄色餐椅

C17 M26 Y89 K0　C64 M23 Y10 K0
C20 M32 Y33 K0

黄色餐椅

C20 M34 Y52 K0　C73 M57 Y59 K10
C0 M0 Y0 K0

C0 M26 Y89 K0　C34 M18 Y19 K0
C0 M0 Y0 K0　C26 M53 Y27 K0

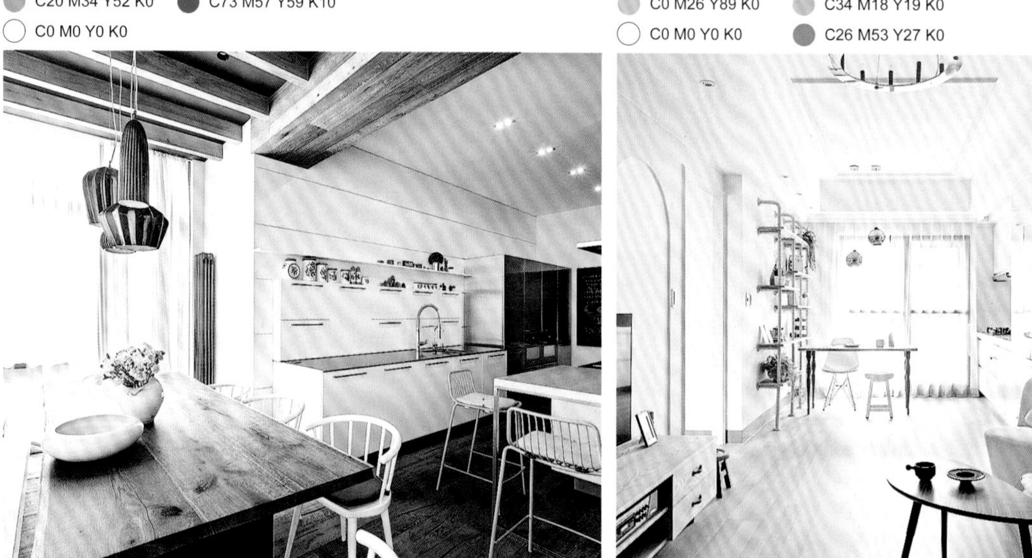

纯色座椅

明黄色座椅　粉色落地灯

C55 M46 Y38 K0　C34 M92 Y90 K0
C0 M0 Y0 K0

C89 M49 Y86 K13　C23 M36 Y41 K0
C0 M0 Y0 K0

红色餐椅

枝形分子吊灯　高纯度座椅

C23 M9 Y86 K0　C0 M0 Y0 K0
C7 M10 Y10 K0

黄色吊灯

C19 M100 Y79 K0　C48 M0 Y9 K0
C60 M36 Y43 K0

纯色吊灯　板式餐桌

黄铜色体现空间的精致与时尚

北欧现代风格也常用黄铜色来增添精致感。这种“贵气的金属色”与木色一刚一柔，可以为房间增添时尚感。同时能够平衡空间的深度和美感。黄铜色大多用在灯饰、饰品或小型家具上，作为点缀色使用。

C74 M61 Y49 K0　C32 M48 Y75 K0　C46 M44 Y39 K0

亚麻布艺沙发　黄铜色电镀吊灯

C77 M37 Y30 K0　C0 M0 Y0 K0　C22 M47 Y54 K0

黄铜色电镀吊灯

C74 M68 Y63 K24　C22 M47 Y54 K0　C0 M0 Y0 K0

黄铜色电镀吊灯　电镀茶几

C0 M0 Y0 K0
C41 M50 Y57 K0

黄铜色分子吊灯　黄铜色餐具

C46 M39 Y41 K0　C28 M43 Y57 K0
C75 M52 Y22 K0

原木餐桌　黄铜色吊灯

C0 M0 Y0 K0　C40 M45 Y40 K0
C28 M49 Y55 K0

黄铜色饰品

C22 M27 Y58 K0　C80 M76 Y80 K60
C0 M0 Y0 K0

黄铜色座椅

C0 M0 Y0 K0　C80 M76 Y80 K60
C54 M70 Y65 K10

黄铜色电镀吊灯

C17 M46 Y22 K0　C43 M52 Y68 K0
C0 M0 Y0 K0

黄铜色吊灯　黄铜色餐具

C17 M46 Y22 K0　C17 M49 Y71 K0
C0 M0 Y0 K0

黄铜色餐椅

C21 M16 Y18 K0　C29 M48 Y54 K0
C0 M0 Y0 K0

电镀黄铜色吊灯

C29 M48 Y54 K0
C0 M0 Y0 K0

星芒灯　黄铜色餐桌椅

C80 M76 Y80 K60　C0 M0 Y0 K0
C29 M48 Y54 K0

黄铜色点缀凳子

C80 M76 Y80 K60　C45 M67 Y67 K0
C0 M0 Y0 K0

黄铜色壁灯

使用中性色进行柔和过渡

北欧风格一般使用中性色进行柔和过渡，从而达到使人视觉舒服的效果。如沙发一般选择灰色、蓝色或黑色的布艺产品，其他家具选择原木或棕色木质，再点缀带有花纹的黑白色抱枕或地毯。让人感受到来自于北欧的干净、舒适。

C0 M0 Y0 K0　C79 M61 Y58 K12　C36 M50 Y65 K0

棉麻布艺沙发　字母挂画

灰色布艺沙发

灰色简易沙发　几何形地毯

原木桌子

中性色沙发

C55 M46 Y38 K0　C16 M23 Y30 K0
C0 M0 Y0 K0

中性色抱枕

原木桌子

C9 M7 Y14 K0　C23 M36 Y41 K0
C0 M0 Y0 K0

中性色餐椅

C41 M32 Y23 K0　C0 M0 Y0 K0
C46 M22 Y16 K0

灰色棉麻布艺

C23 M36 Y41 K0　C0 M0 Y0 K0
C59 M28 Y5 K0

原木餐桌

C29 M0 Y22 K0　C0 M0 Y0 K0　C28 M49 Y33 K0　C67 M20 Y17 K0

粉色布艺　灰色沙发

C49 M21 Y22 K0　C61 M51 Y52 K0　C59 M70 Y80 K26

灰色布艺床　原木桌子

北欧家具设计具有独创性

北欧风格向来是内敛朴素的，但是挪威的家具作品打破这一规律，许多作品动感活泼，在简洁的形态中注入奔放的情感，令人耳目全新。家具设计方面，如孔雀椅、Y 椅、莲花几、幽灵椅、浮冰桌等，设计师轻快的心情通过设计传达给北欧家具。

C0 M0 Y0 K0　C32 M48 Y75 K0　C59 M47 Y70 K6

灰色简易沙发　孔雀椅

C42 M33 Y35 K0　C0 M0 Y0 K0　C22 M47 Y54 K0

C89 M58 Y30 K0　C38 M33 Y38 K0　C0 M0 Y0 K0

曲线形茶几　枝形分子吊灯

创意茶几

C0 M0 Y0 K0
C0 M12 Y39 K0
C78 M71 Y75 K45
黑框装饰画
几何形沙发
C15 M28 Y66 K0
C22 M16 Y19 K0
C0 M0 Y0 K0
子母茶几
黄色低矮沙发
C0 M0 Y0 K0
C24 M87 Y70 K0
C29 M22 Y20 K0
LOVE
IS ALL
YOU NEED
TYPE
BEAUTIFUL
LETTERS
字母挂画
C0 M0 Y0 K0
C27 M23 Y23 K0
C92 M74 Y44 K7
亚麻抱枕

C21 M45 Y48 K0　C0 M0 Y0 K0　C44 M28 Y68 K12

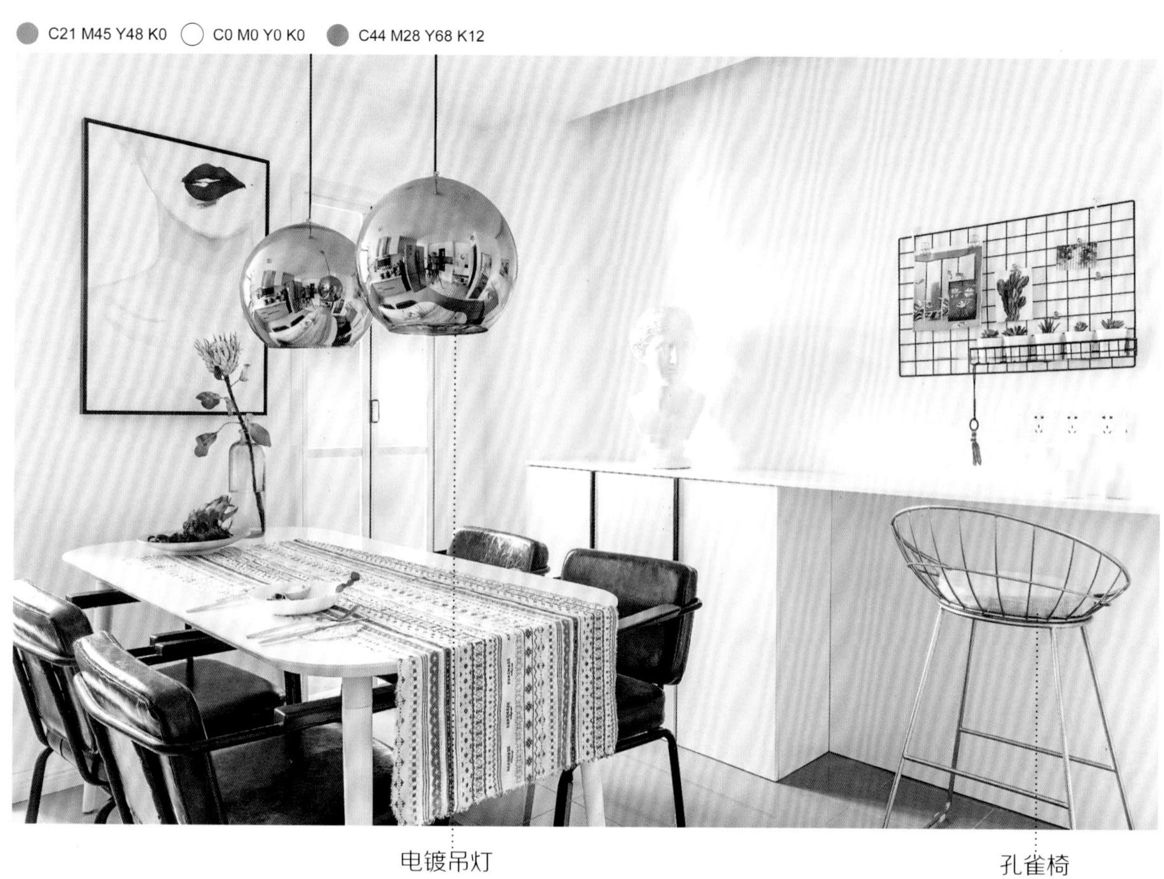

电镀吊灯　孔雀椅

C0 M0 Y0 K0　C17 M26 Y36 K0　C57 M18 Y76 K0

竹木灯　Y 椅

C0 M0 Y0 K0
C54 M46 Y42 K0
C24 M32 Y37 K0
亚麻桌布
原木Y椅
C80 M77 Y64 K38
C96 M86 Y39 K0
C0 M0 Y0 K0
LONDON
不锈钢座椅
窄边装饰画
C0 M0 Y0 K0
C47 M62 Y71 K0
C12 M15 Y63 K0
原木吧台椅
C0 M0 Y0 K0
C47 M62 Y71 K0
C28 M28 Y21 K0
C54 M46 Y42 K0
C0 M0 Y0 K0
铁艺座椅
亚麻布艺
枝形吊灯
水滴椅

北欧家具善用曲线造型

北欧人强调简单结构与舒适功能的完美结合，即便是设计一把椅子，不仅要追求它的造型美，更注重从人体结构出发，讲究它的曲线如何与人体接触时完美地吻合在一起，使其与人体协调，倍感舒适。

C0 M0 Y0 K0　C70 M62 Y59 K11　C69 M0 Y35 K0

棉麻布艺沙发　子母茶几

C42 M33 Y35 K0　C0 M0 Y0 K0　C30 M29 Y87 K0

字母挂画　灰色沙发

C43 M0 Y35 K0　C30 M29 Y87 K0　C0 M0 Y0 K0

子母茶几　棉麻布艺沙发

C0 M0 Y0 K0　C55 M30 Y59 K0
C28 M49 Y55 K0

弧形茶几　简约布艺沙发

C26 M22 Y13 K0　C55 M30 Y59 K0
C54 M74 Y84 K23　C79 M74 Y75 K0

C46 M39 Y41 K0　C28 M43 Y57 K0
C61 M51 Y53 K0

弧形沙发　伊姆斯椅

C0 M0 Y0 K0　C33 M37 Y49 K0
C37 M27 Y24 K0

伊姆斯椅　玻璃瓶插花

C15 M28 Y66 K0　C33 M37 Y49 K0
C78 M46 Y85 K7

枝形分子吊灯

C0 M0 Y0 K0　C80 M76 Y80 K60
C0 M22 Y18 K0

弧形椅子

C0 M0 Y0 K0　C27 M23 Y23 K0
C92 M74 Y44 K7

不锈钢工艺灯　原木餐桌

C0 M0 Y0 K0
C0 M18 Y93 K0
C61 M69 Y67 K18
伊姆斯椅
C0 M0 Y0 K0
C61 M69 Y67 K18
C71 M61 Y76 K0
弧形椅子
几何形吊灯
C0 M0 Y0 K0
C30 M39 Y42 K0
C100 M88 Y47 K12
大理石餐桌
伊姆斯椅
C57 M17 Y78 K0
C80 M71 Y46 K7
C29 M61 Y80 K0
C0 M0 Y0 K0
C45 M54 Y68 K0
C67 M53 Y67 K7
吧台椅
伊姆斯椅

北欧家具多小巧易移动

北欧家具青睐上世纪五十年代风格的圆滑扶手椅，不像美国人普遍喜欢大而笨重的沙发。小的扶手椅或沙发更便于移动，且看起来更加自由，轻松。

C0 M0 Y0 K0　C92 M79 Y27 K0　C22 M97 Y100 K0

小脚沙发　原木茶几

C51 M71 Y77 K12　C0 M0 Y0 K0　C30 M29 Y87 K0

可移动茶几　圆弧形沙发

C32 M25 Y25 K0　C30 M29 Y87 K0　C100 M66 Y18 K66

布艺沙发

C33 M37 Y49 K0
C19 M10 Y45 K0
果绿色沙发
C0 M0 Y0 K0
C25 M37 Y44 K0
板式餐椅
铁艺几何吊灯
C51 M10 Y46 K0
C27 M23 Y23 K0
C36 M45 Y63 K0
子母茶几
C0 M0 Y0 K0
C6 M32 Y89 K0
C60 M65 Y78 K20
伊姆斯椅
原木餐桌

C10 M19 Y39 K0　C0 M0 Y0 K0
C66 M78 Y61 K24

吧台椅　不锈钢吊灯

C24 M33 Y43 K0　C63 M27 Y89 K0
C0 M0 Y0 K0

小脚餐椅

C31 M37 Y37 K0　C32 M63 Y59 K0
C0 M0 Y0 K0

不锈钢吊灯　原木餐桌椅

C31 M37 Y37 K0　C61 M45 Y39 K0
C0 M0 Y0 K0

原木餐桌

C78 M65 Y41 K0　C0 M0 Y0 K0
C20 M36 Y78 K0

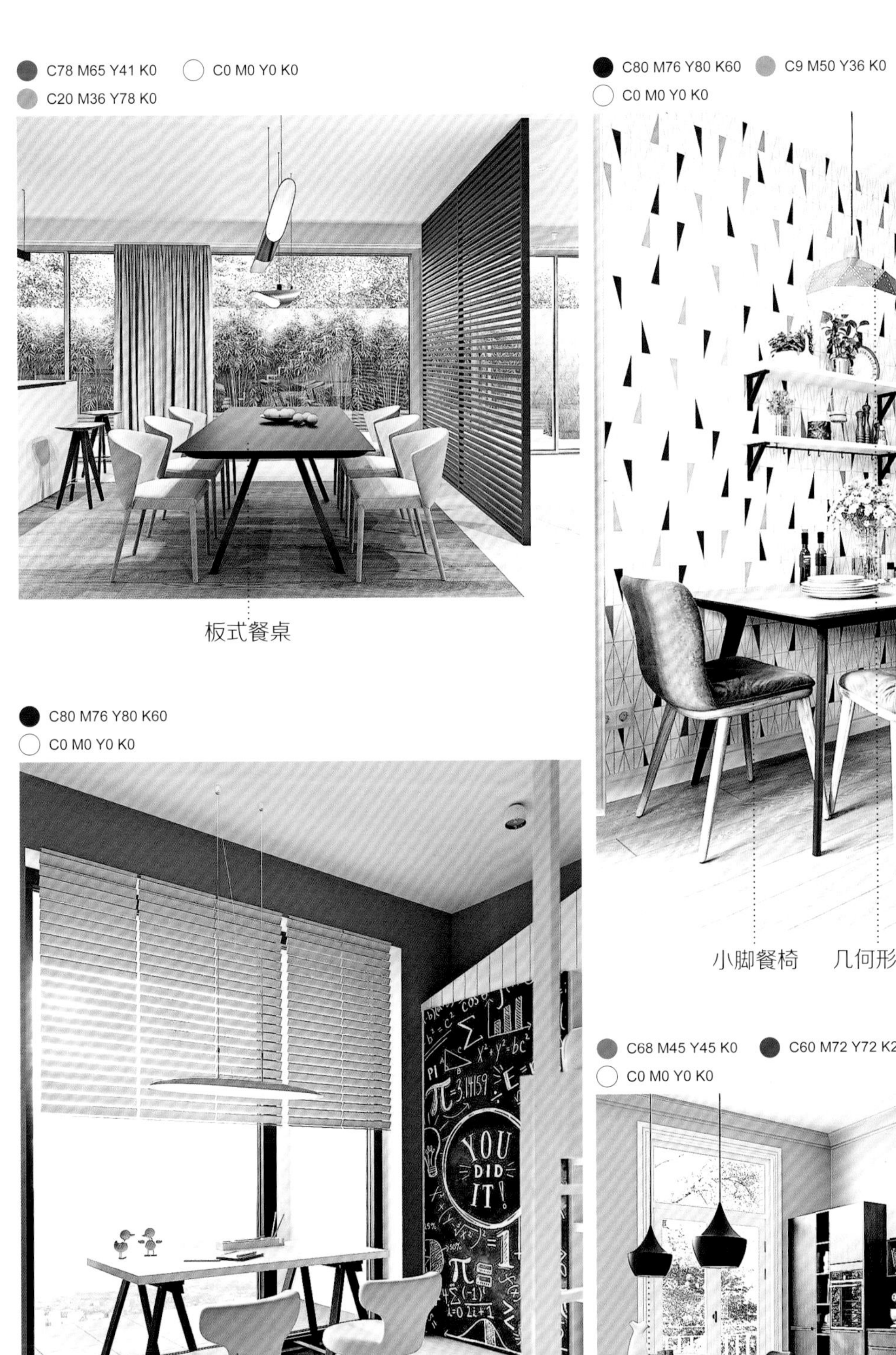

板式餐桌

C80 M76 Y80 K60　C9 M50 Y36 K0
C0 M0 Y0 K0

小脚餐椅　几何形吊灯

C80 M76 Y80 K60
C0 M0 Y0 K0

可移动椅子

C68 M45 Y45 K0　C60 M72 Y72 K23
C0 M0 Y0 K0

乐器吊灯　板式餐桌

几何感很强的灯具为北欧现代风格添彩

与北欧家具不同的是，北欧的灯具大多造型简洁、几何感很强，比如半原体、枝形、倒梯形等；同时，北欧风格灯具的主材不再仅限于木料，金属材料被更多的使用，外表具有朴实感；色彩比较多样化，但都给人非常舒适的感觉。

C0 M0 Y0 K0　C49 M64 Y73 K6　C91 M86 Y87 K78

多头吊灯　餐椅

C0 M0 Y0 K0　C53 M45 Y48 K0
C80 M58 Y64 K0

创意吊灯

C0 M0 Y0 K0　C63 M38 Y100 K0
C79 M71 Y56 K0

C0 M0 Y0 K0　C65 M44 Y54 K0
C27 M36 Y48 K0

铁艺座椅　钨丝灯泡

几何形吊灯　弧形餐椅

TIPS

北欧灯具以造型取胜

简洁、实用、环保的理念渗透在北欧风格的灯具设计中，以木料、原始感的金属为主，灯罩多为玻璃、亚克力等，罩面很少带有图案，而是以造型取胜。

C40 M32 Y30 K0
C79 M60 Y15 K0

创意吊灯

C24 M33 Y43 K0　C63 M27 Y89 K0
C0 M0 Y0 K0

创意吊灯　弧形餐椅

C31 M37 Y37 K0　C79 M60 Y15 K0
C0 M0 Y0 K0

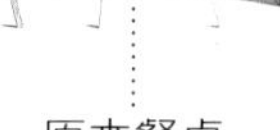

马卡龙色吊灯　原木餐桌

C8 M25 Y90 K0　C86 M83 Y82 K72
C0 M0 Y0 K0

乐器吊灯

C49 M37 Y30 K0
C11 M26 Y48 K0
C0 M0 Y0 K0
烤漆灯
伊姆斯椅
C67 M60 Y58 K8
C46 M34 Y30 K0
C0 M0 Y0 K0
曲线餐椅
创意吊灯
C0 M0 Y0 K0
C52 M68 Y80 K13
玻璃吊灯
伊姆斯椅
C0 M0 Y0 K0
C23 M31 Y36 K0
C73 M49 Y74 K6
星芒灯
全布艺床
C0 M0 Y0 K0
C26 M35 Y46 K0
C72 M60 Y49 K0
多头吊灯

玻璃、铁艺饰品同样适用于北欧现代风格

除了偏爱木材以外，北欧现代风格的室内软装饰风格常用的装饰材料还有玻璃和铁艺等，这些材质经常作为装饰品或绿色植物的容器等。但无一例外地保留了这些材质的原始质感。如造型别致的玻璃花瓶和黑色系的铁艺搁架等。

C0 M0 Y0 K0　C32 M40 Y38 K0　C84 M60 Y52 K6

木框架沙发　折叠落地灯　几何形银镜

C51 M71 Y77 K12　C0 M0 Y0 K0　C40 M32 Y29 K0

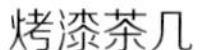

烤漆茶几　弧形座椅

C0 M0 Y0 K0　C56 M32 Y24 K0

玻璃吊灯

C40 M32 Y30 K0 C27 M35 Y34 K0
C79 M60 Y15 K0

C24 M33 Y43 K0 C63 M27 Y89 K0
C34 M45 Y73 K0

金属茶几 弧形座椅

金属腿餐椅

C31 M37 Y37 K0 C75 M78 Y72 K26
C0 M0 Y0 K0

C78 M58 Y29 K0 C75 M78 Y72 K26
C0 M0 Y0 K0

金属腿餐椅

低矮布艺沙发 金属茶几

C33 M37 Y49 K0　C77 M76 Y81 K58
C0 M0 Y0 K0

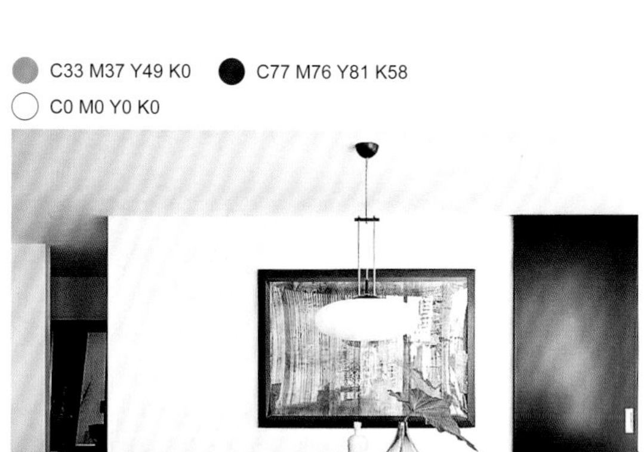

弧形座椅　玻璃艺术瓶

C0 M0 Y0 K0　C77 M76 Y81 K58
C52 M86 Y88 K28

玻璃瓶插花　伊姆斯椅

C0 M0 Y0 K0　C54 M41 Y87 K0
C62 M59 Y53 K0

玻璃造型灯

C40 M27 Y24 K0
C60 M65 Y78 K20

铁艺餐椅

C0 M0 Y0 K0　C64 M37 Y29 K0
C31 M43 Y58 K0

C0 M0 Y0 K0　C52 M86 Y88 K28
C53 M34 Y32 K0

铁艺腿餐桌　浴室柜　镜柜

C28 M15 Y24 K0　C70 M22 Y26 K0
C37 M92 Y83 K0

铁艺床　铁艺花架

北欧现代风格饰品造型流畅、颜色艳丽

北欧饰品的选择以简洁流畅的造型、冷酷的材质、色彩艳丽的装饰品为主。抽象的装饰画、几何造型的雕塑及带有强烈机械痕迹的装饰品都极为适合。

C0 M0 Y0 K0　C32 M40 Y38 K0　C84 M60 Y52 K6

纯色棉麻布艺　枝形分子吊灯　金色铁艺茶几

C47 M51 Y60 K0　C0 M0 Y0 K0　C21 M34 Y70 K0　C21 M34 Y70 K0　C56 M32 Y24 K0　C0 M0 Y0 K0

原木小茶几　亮黄色餐椅

C42 M36 Y41 K0
C63 M38 Y19 K0
C42 M63 Y88 K0
亮色花盆
纯色座椅
C0 M0 Y0 K0
C76 M77 Y67 K40
C17 M20 Y27 K0
子母茶几
C0 M0 Y0 K0
C42 M36 Y41 K0
C49 M32 Y59 K0
亮色椅子
金属色花瓶
C0 M0 Y0 K0
C42 M36 Y41 K0
C8 M13 Y74 K0
棉麻布艺沙发
低矮茶几

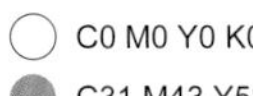

C0 M0 Y0 K0
C31 M43 Y58 K0

黄铜色饰品

C0 M0 Y0 K0
C61 M39 Y42 K0
C31 M43 Y58 K0
C0 M17 Y75 K0

黄色玻璃瓶插花

C0 M0 Y0 K0
C61 M39 Y42 K0
C37 M92 Y83 K0

几何图案地毯

纯色布艺沙发

C0 M0 Y0 K0
C28 M87 Y100 K0
C42 M63 Y88 K0
C82 M66 Y40 K0

橙色吧台椅

C46 M31 Y35 K0
C0 M0 Y0 K0
C8 M13 Y74 K0

亮黄色餐椅　纯色窄边挂画

C0 M0 Y0 K0
C31 M43 Y58 K0
C75 M31 Y43 K0

玻璃瓶插花　板式餐桌

C0 M0 Y0 K0
C73 M66 Y62 K20
C92 M89 Y0 K63
C80 M29 Y48 K0

金属腿餐桌椅　纯色挂画

北欧现代风格的图案较简练

北欧现代风格的图案特色大多体现在挂画和布艺织物上，往往为简练的几何图案，极少会出现繁复的花纹，常见的图案包括棋格、三角形、箭头、菱形花纹、英文字母等。

C0 M0 Y0 K0　C44 M73 Y57 K0　C63 M46 Y37 K0

正方形茶几　抽象画

C48 M43 Y38 K0　C0 M0 Y0 K0　C64 M26 Y35 K0　C21 M34 Y70 K0　C56 M32 Y24 K0　C0 M0 Y0 K0

抽象挂画　子母茶几　几何形抽象画

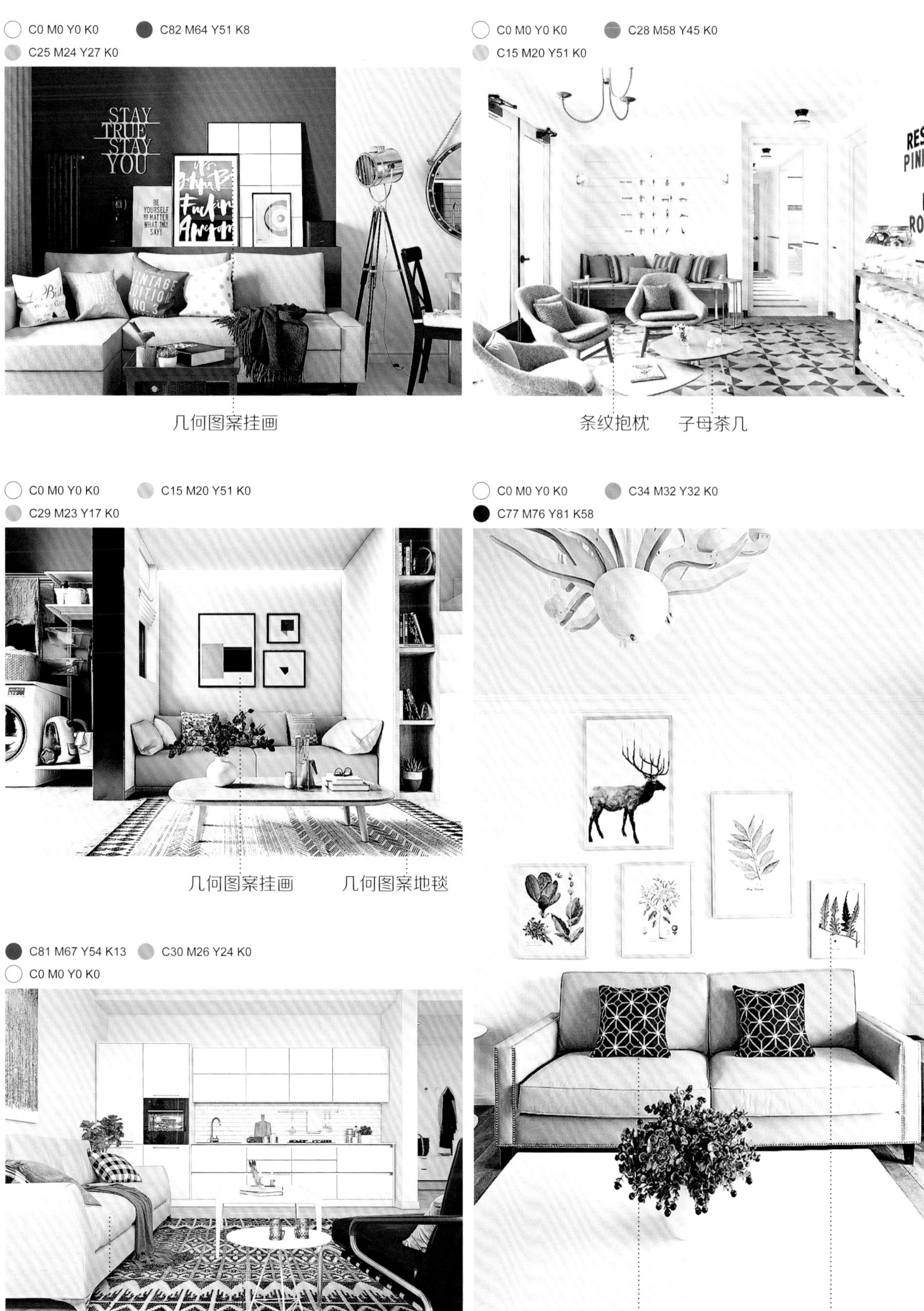

C0 M0 Y0 K0　C82 M64 Y51 K8
C25 M24 Y27 K0

几何图案挂画

C0 M0 Y0 K0　C28 M58 Y45 K0
C15 M20 Y51 K0

条纹抱枕　子母茶几

C0 M0 Y0 K0　C15 M20 Y51 K0
C29 M23 Y17 K0

几何图案挂画　几何图案地毯

C0 M0 Y0 K0　C34 M32 Y32 K0
C77 M76 Y81 K58

C81 M67 Y54 K13　C30 M26 Y24 K0
C0 M0 Y0 K0

棉麻布艺沙发　几何图案地毯

几何图案抱枕　绿植挂画

C56 M47 Y45 K0　C28 M87 Y100 K0
C42 M63 Y88 K0　C62 M32 Y89 K0

橙色吧台椅

C76 M25 Y30 K0　C35 M44 Y50 K0
C0 M0 Y0 K0

钻石形吊灯

C0 M10 Y80 K0　C35 M44 Y50 K0
C0 M0 Y0 K0

几何图案桌布

C0 M0 Y0 K0　C93 M70 Y32 K0
C77 M26 Y25 K0　C22 M98 Y97 K0

几何形立体墙饰

纯色铁艺餐椅

C0 M0 Y0 K0　C92 M87 Y88 K78
C17 M89 Y88 K0

字母饰品

C82 M54 Y54 K5　C26 M34 Y81 K0
C0 M0 Y0 K0

水波纹座椅

C92 M87 Y88 K78　C35 M44 Y50 K0
C0 M0 Y0 K0

条纹地毯

低矮布艺床

C52 M42 Y42 K0
C86 M83 Y82 K72

休闲椅

几何形状饰品

GIVE
UP

第三章 chapter 3

北欧极简风格

20 世纪北欧风格的简洁被推到极致。反映在家庭装修方面，就是室内的顶、墙、地六个面，完全不用纹样和图案装饰，只用线条、色块来区分点缀。这种风格反映在家具上，就产生了完全不使用雕花、纹饰的北欧家具。

北欧极简风格追求简洁、通透感

北欧属于高纬度地区，冬季漫长且缺少阳光的照射，所以在室内空间设计上，力求最大限度地将阳光引进室内。室内空间的格局没有过多的转折或拐角，并且色调往往以纯净的浅色为主，如白色墙面和素色家具的大量运用，有利于光线反射，使房间显得更加宽敞、明亮。

C0 M0 Y0 K0　C56 M51 Y52 K0　C45 M48 Y60 K0

天鹅椅　铁艺茶几

C52 M41 Y37 K0　C0 M0 Y0 K0　C64 M26 Y35 K0　　C0 M0 Y0 K0　C45 M37 Y32 K0

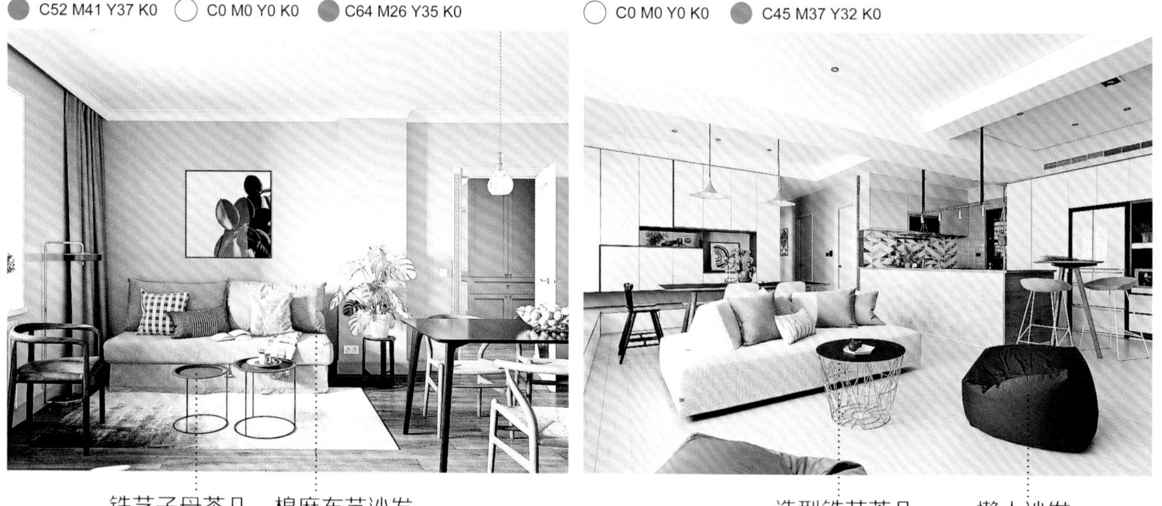

铁艺子母茶几　棉麻布艺沙发　　造型铁艺茶几　懒人沙发

C26 M22 Y13 K0
C69 M70 Y66 K25
C0 M0 Y0 K0
NEVER GIVE UP
创意吊灯
布艺沙发
C26 M22 Y13 K0
C51 M83 Y79 K20
C0 M0 Y0 K0
纯色抱枕
可折叠座椅
C0 M0 Y0 K0
C17 M26 Y36 K0
窄边挂画
C17 M26 Y36 K0
C30 M32 Y6 K0
C0 M0 Y0 K0
幽灵椅

C0 M0 Y0 K0　C48 M62 Y77 K5
C76 M59 Y100 K32

玻璃瓶插花　吧台椅

C76 M59 Y100 K32　C20 M21 Y30 K0
C0 M0 Y0 K0

复古钨丝灯

C80 M76 Y80 K60　C0 M0 Y0 K0
C48 M62 Y77 K5

鱼线灯　原木餐椅

C40 M30 Y26 K0　C26 M29 Y35 K0
C0 M0 Y0 K0

烤漆吊灯

C0 M0 Y0 K0　C61 M39 Y42 K0
C31 M43 Y58 K0　C80 M76 Y80 K60

C0 M0 Y0 K0　C80 M76 Y80 K60
C31 M43 Y58 K0

原木餐桌

原木高脚椅

C0 M0 Y0 K0　C20 M15 Y19 K0
C44 M67 Y93 K26

几何形吊灯

白色 + 明色调给人干净、明朗感

家居色彩的选择上，北欧极简风格偏向浅色如白色、米色、浅木色、浅灰色等。常常使用少量明色调为点缀。空间给人的感觉干净明朗，绝无杂乱感。

C0 M0 Y0 K0　C36 M34 Y30 K0　C56 M58 Y63 K0

浅灰色布艺沙发

C50 M49 Y48 K0　C0 M0 Y0 K0　C82 M76 Y47 K33

C0 M0 Y0 K0　C50 M31 Y73 K0

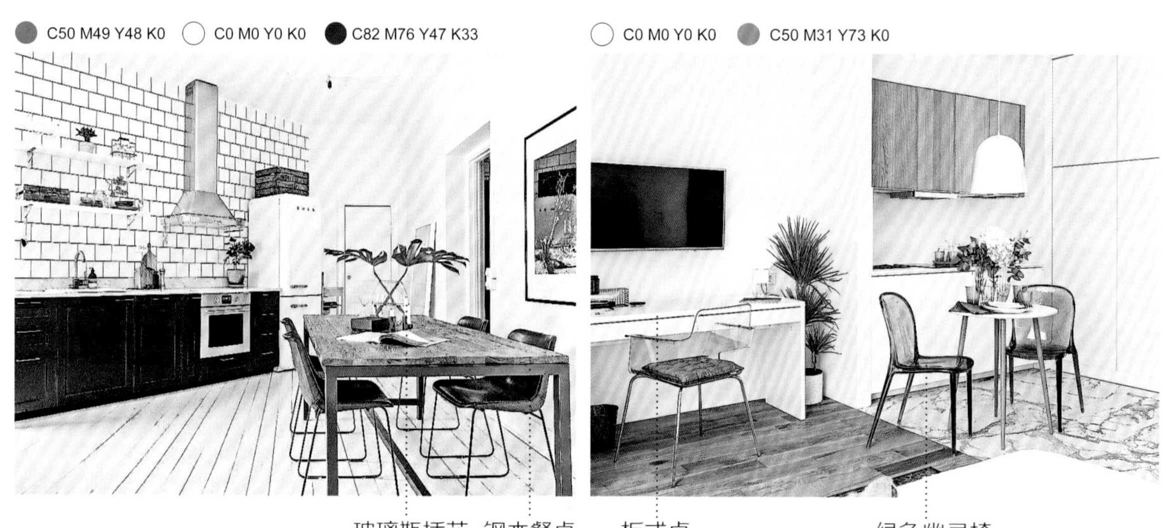

玻璃瓶插花　钢木餐桌　板式桌　绿色幽灵椅

C69 M70 Y66 K25
C0 M72 Y83 K0
C0 M0 Y0 K0
蚂蚁椅
C25 M30 Y46 K0
C0 M0 Y0 K0
吧台凳
C0 M0 Y0 K0
C17 M26 Y36 K0
原木收纳柜
C13 M14 Y16 K0
C80 M76 Y80 K60
C0 M0 Y0 K0
米色板式餐桌

C58 M21 Y83 K0　C29 M36 Y51 K0
C0 M0 Y0 K0

盆栽　组合挂画

C43 M33 Y32 K0　C29 M36 Y51 K0
C0 M0 Y0 K0

原木餐椅

C58 M21 Y83 K0　C9 M11 Y32 K0
C0 M0 Y0 K0

弧形餐椅

C40 M30 Y26 K0　C26 M29 Y35 K0
C0 M0 Y0 K0

灰白色亚麻布艺

C0 M0 Y0 K0　C41 M36 Y37 K0
C86 M63 Y53 K10

麋鹿墙饰　淡灰色床尾凳

C0 M0 Y0 K0　C25 M0 Y23 K0
C22 M30 Y38 K0

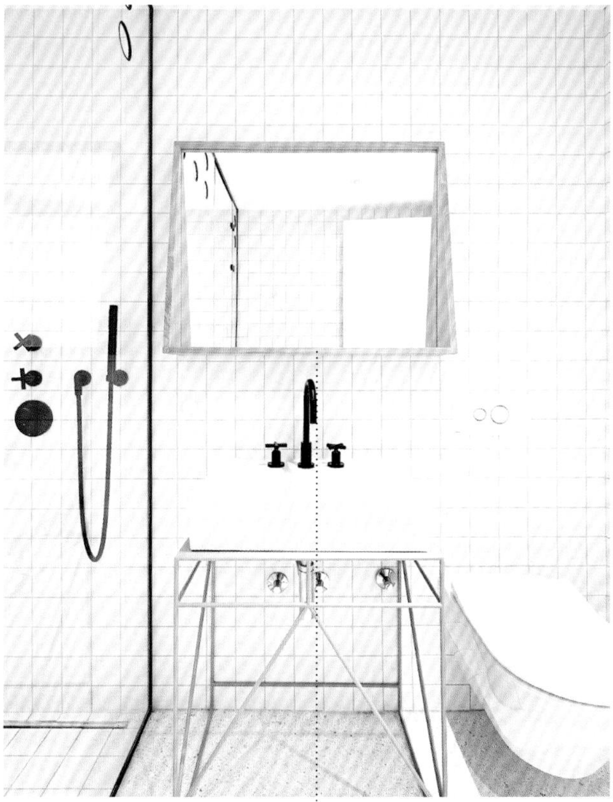

镜子收纳架

C0 M0 Y0 K0
C34 M43 Y59 K0

原木收纳柜

大面积白色 + 黑色点缀彰显极简北欧风

北欧极简风格追求纯净的视觉效果，因此无色系运用广泛，黑白配是常见的配色关系。通常情况白色作为背景色和主角色，占有较大比例，黑色则起辅助作用。在软装中可见大面积白色家具，穿插出现两三样黑色装饰品，如白色沙发上搁置黑色抱枕点缀，或干净的白色墙面上，悬挂一幅黑色系为主色的挂画。

C0 M0 Y0 K0　C68 M39 Y100 K0　C61 M60 Y57 K5

黑色饰品　铁架落地灯

C27 M21 Y20 K0　C44 M72 Y93 K7　C78 M66 Y80 K42

深灰色布艺沙发　浅灰色挂画

C0 M0 Y0 K0　C83 M78 Y74 K57

几何图案地毯　黑色点缀抱枕

C80 M76 Y80 K60　C21 M20 Y21 K0
C0 M0 Y0 K0

黑色冰箱　原木餐桌

C80 M76 Y80 K60　C17 M18 Y22 K0
C59 M44 Y31 K0　C0 M0 Y0 K0

黑色吧台椅　泡泡灯

C80 M76 Y80 K60　C40 M50 Y56 K0
C0 M0 Y0 K0

黑色鱼线吊灯　黑色板式家具

C79 M61 Y81 K33　C19 M15 Y11 K0
C43 M36 Y38 K0

黑色多头壁灯　绒面抱枕

TIPS

北欧风格中白色应注意搭配

白色是北欧极简风格中非常重要的角色，但使用白色要注意以下几点：一是要注意光线的设计，重点营造出细腻而富有光线感的光影关系；二是要注意质感的变化和丰富白色的内涵；三是注意不同白色之间的组合与搭配；四是要注意陈设品必须要简洁，并应配置相应的点缀变化。

C16 M21 Y23 K0　C56 M40 Y49 K0

C0 M0 Y0 K0　C80 M76 Y80 K60

黑色鱼线吊灯

C80 M76 Y80 K60

C0 M0 Y0 K0

黑色餐椅

C86 M83 Y82 K72

C0 M0 Y0 K0

C86 M83 Y82 K72　C68 M47 Y88 K6

C0 M0 Y0 K0

黑色点缀床品

黑色餐椅

C80 M76 Y80 K60
C0 M0 Y0 K0
深灰色浴室柜
创意吊灯
C80 M76 Y80 K60
C49 M26 Y78 K0
C0 M0 Y0 K0
绿植盆栽
黑色毛巾
C80 M76 Y80 K60
C0 M0 Y0 K0
C24 M26 Y33 K0
黑框镜子
C80 M76 Y80 K60
C0 M0 Y0 K0
黑框镜柜
白色浴室柜

伊姆斯椅是北欧极简风的缩影

伊姆斯椅的造型圆润、工艺精细，没有任何繁琐的修饰，追求于北欧风格的极简主义。其设计理念完全强调舒适度，符合人体工学的坐感需求。在空间中的适用范围较广，最常出现在餐椅之中，也可以作为客厅和卧室中的单椅，集实用与美观为一体。

C0 M0 Y0 K0　C68 M39 Y100 K0　C51 M59 Y71 K5

伊姆斯椅　抽象油画

C27 M21 Y20 K0　C83 M78 Y74 K57　C0 M0 Y0 K0

C0 M0 Y0 K0　C12 M25 Y44 K0　C27 M21 Y20 K0

伊姆斯椅　字母挂画　伊姆斯椅

C80 M76 Y80 K60
C12 M25 Y44 K0
C0 M0 Y0 K0
STAY
TRUE
STAY
YOU
魔豆灯
伊姆斯椅
C12 M25 Y44 K0
C0 M0 Y0 K0
鱼线灯
伊姆斯椅
C80 M76 Y80 K60
C0 M0 Y0 K0
C7 M11 Y15 K0
I AM NOT
Special
I AM JUST
LIMITED
鱼线灯
伊姆斯椅
C51 M52 Y77 K0
C0 M0 Y0 K0
C7 M11 Y15 K0
C81 M50 Y57 K0
实木餐桌
伊姆斯椅

C5 M30 Y43 K0
C0 M0 Y0 K0

伊姆斯椅　渔网灯

C48 M33 Y30 K0　C11 M38 Y18 K0
C0 M0 Y0 K0

伊姆斯椅　纯色抱枕

C51 M63 Y82 K8
C0 M0 Y0 K0

伊姆斯椅

C5 M30 Y43 K10
C0 M0 Y0 K0

伊姆斯椅　复古钨丝灯

C0 M0 Y0 K0

C33 M41 Y55 K0

窄边装饰画营造极简情调

北欧极简风格装饰画的画框多以黑色或原木色的窄边为主。画面多为白底，色彩以黑色、白色、灰色及各种低彩度的彩色较为常用。题材多为大叶片的植物、麋鹿等北欧动物或几何形状的色块、英文字母等。

C0 M0 Y0 K0　C68 M39 Y100 K0　C64 M57 Y62 K7

黑框装饰画　簇绒地毯

C27 M21 Y20 K0　C49 M27 Y42 K0　C0 M0 Y0 K0

C0 M0 Y0 K0　C83 M78 Y74 K57

窄边装饰画　懒人沙发

黑框装饰画　铁艺茶几

C0 M0 Y0 K0
C83 M78 Y74 K57
C31 M43 Y58 K0
C0 M0 Y0 K0
C43 M32 Y21 K0
Y 椅
木框装饰画
窄边装饰画

C0 M0 Y0 K0
C20 M15 Y19 K0
C83 M78 Y74 K57
组合饰品墙
原木茶几

C52 M68 Y80 K13
C0 M0 Y0 K0

鱼线灯　原木餐桌椅

C0 M0 Y0 K0　C49 M46 Y40 K0
C38 M29 Y21 K0

黑框装饰画　亚麻布艺

C0 M0 Y0 K0　C38 M29 Y21 K0
C39 M43 Y43 K0

亚麻布艺　窄边装饰画

C29 M22 Y18 K0
C0 M0 Y0 K0

组合窄边挂画　灰色亚麻布艺

C0 M0 Y0 K0　C30 M57 Y100 K0
C80 M76 Y80 K60

木框装饰画

C54 M33 Y34 K0　C3 M33 Y42 K0　C0 M0 Y0 K0

黑框装饰画　亚麻布艺

C28 M30 Y58 K0　C80 M76 Y80 K60　C0 M0 Y0 K0

电镀台灯　字母装饰画

C80 M76 Y80 K60　C0 M0 Y0 K0　C58 M29 Y83 K0

铁艺家具　黑框装饰画

C28 M72 Y59 K0　C0 M0 Y0 K0

黑框装饰画

组合饰品墙带来北欧律动感

北欧极简风格墙面通常采用轻松、灵动的饰品墙为家居带来律动感。饰品墙可搭配异形搁架或木质、金属边框的挂画、装饰灯饰等营造风格特征。墙面图案的题材范围广泛，菠萝、绿植、自然景观、几何图形均可，这种图案也适用于墙面装饰中。

C0 M0 Y0 K0　C68 M39 Y100 K0　C29 M22 Y20 K0　C34 M18 Y22 K0

原木搁架

C41 M44 Y45 K0　C49 M27 Y42 K0　C0 M0 Y0 K0　C38 M31 Y29 K0　C41 M44 Y45 K0

原木 Y 椅　泡泡灯　原木餐桌　造型搁架

C54 M33 Y34 K0
C80 M76 Y80 K60
C0 M0 Y0 K0
黑色吧台椅
C17 M34 Y74 K0
C20 M93 Y78 K0
C0 M0 Y0 K0
水管形搁架
电镀吊灯
C80 M76 Y80 K60
C0 M0 Y0 K0
C20 M93 Y78 K0
创意挂钩
C80 M59 Y62 K12
C0 M0 Y0 K0
C38 M30 Y26 K0
抽象挂画
小脚板式床

C0 M0 Y0 K0　C57 M71 Y69 K17
C71 M30 Y36 K0

组合挂画　亚麻布艺　创意搁架

C40 M0 Y20 K0　C80 M76 Y80 K60
C0 M0 Y0 K0

创意造型墙

C0 M0 Y0 K0　C76 M70 Y63 K27
C47 M39 Y38 K0

魔豆灯　组合挂画

C0 M0 Y0 K0　C80 M76 Y80 K60
C10 M12 Y11 K0

挂钩

C0 M0 Y0 K0　C51 M33 Y29 K0
C80 M76 Y80 K60

真皮座椅　铁艺墙饰

C0 M0 Y0 K0　C10 M12 Y11 K0

C86 M76 Y53 K19

鱼线灯　灯饰墙

C0 M0 Y0 K0　C83 M78 Y74 K57

C31 M43 Y58 K0

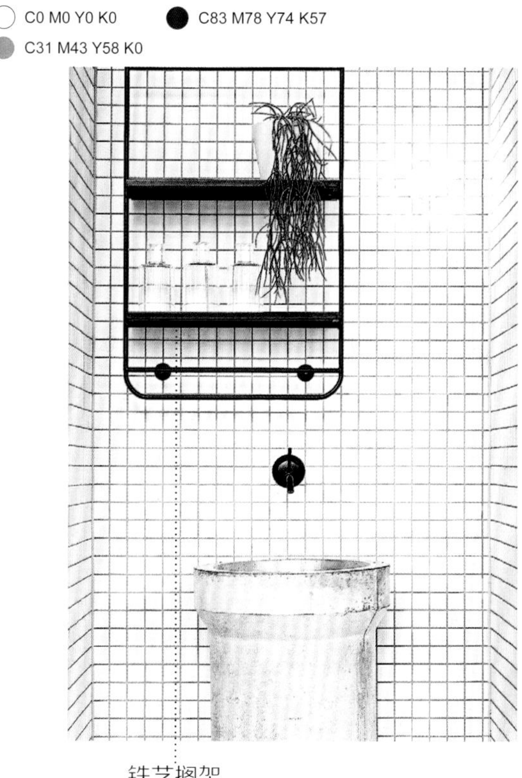

铁艺搁架

C0 M0 Y0 K0　C83 M78 Y74 K57

C45 M61 Y67 K0

复古钨丝灯

MARILYN MONROE
The Hotel Book
THE HOTEL BOOK

第四章 chapter 4

北欧工业风格

北欧工业风格起源于废旧的工业厂房或仓库改造，这种改造往往保留了建筑的部分原有风貌，如裸露的砖墙、质朴的木质横梁，以及金属管道等工业痕迹。北欧工业风格的软装是用简洁的线条搭配金属吊灯、水管类型家具等工业元素，诠释自由、冷峻的情调。

无色系 + 原木色展现北欧工业风格的古旧个性

白色、水泥灰色和黑色属于无彩色系，三者的搭配最能体现出北欧工业风格的冷峻个性，与木色结合则能降低冷峻感。其中木色可用在墙面、顶面中，也可用于小件的家具中。一般使用带有做旧感的原木本色，或偏灰棕色系的实木，以免破坏其老旧的整体氛围。

C0 M0 Y0 K0　C50 M37 Y31 K0　C38 M40 Y38 K0

木色亚麻地毯　素色布艺沙发

做旧原木茶几

原木色蒲团 魔豆灯

黑色铁艺隔断 小型绿植

原木色电视柜

C61 M64 Y64 K11　C83 M78 Y74 K57
C0 M0 Y0 K0

钻石形灯　原木吧台椅

C83 M78 Y74 K57　C0 M0 Y0 K0
C28 M30 Y35 K0

原木搁架

C28 M30 Y35 K0　C83 M78 Y74 K57
C0 M0 Y0 K0

原木 Y 椅

C5 M30 Y43 K10　C65 M52 Y49 K0
C45 M37 Y34 K0

原木茶几　不锈钢冰箱

C29 M14 Y8 K0
C52 M68 Y80 K13
C0 M0 Y0 K0
GOOD VIBES
原木色板电视柜
C24 M34 Y43 K0
C28 M22 Y28 K0
C0 M0 Y0 K0
原木色板式床
C0 M0 Y0 K0
C42 M40 Y47 K0
?!
低矮布艺床
裸露灯具
C0 M0 Y0 K0
C33 M25 Y15 K0
C80 M69 Y59 K21
C0 M0 Y0 K0
C30 M34 Y46 K0
C72 M60 Y49 K0
简易实木床
原木框收纳柜

砖红色展现北欧工业风格温馨的一面

大面积的灰色调空间会给人一种冷硬感，若加入砖红色调剂会显得柔和许多，形成冷静中不失温馨的北欧工业风格。或者将水泥灰与砖红色结合作为墙面色彩，粗糙的质感给人一种粗犷的感觉。

● C65 M60 Y61 K8 ● C45 M62 Y75 K0 ● C55 M83 Y87 K33

牛皮沙发　　砖红色墙面

C0 M0 Y0 K0
C36 M35 Y27 K0
C44 M66 Y60 K0
C30 M10 Y89 K0
伊姆斯摇椅
C72 M46 Y100 K0
C44 M66 Y60 K0
C36 M35 Y27 K0
魔豆灯
亚麻布艺沙发
C0 M0 Y0 K0
C24 M38 Y80 K0
C47 M63 Y70 K0
纯色油画
C44 M66 Y60 K0
C24 M38 Y80 K0
C22 M21 Y19 K0
C71 M64 Y73 K0
C44 M68 Y71 K0
C53 M57 Y71 K0
亚麻布艺沙发
钓鱼灯
做旧钢木茶几
魔豆灯

C28 M30 Y35 K0　C83 M78 Y74 K57
C43 M67 Y82 K0

漫画图案的挂画　实木吧台椅

C0 M0 Y0 K0　C28 M23 Y74 K0
C51 M76 Y72 K14

伊姆斯椅　复古钨丝灯

C51 M76 Y72 K14
C0 M0 Y0 K0

伊姆斯椅

C19 M45 Y66 K0
C70 M34 Y83 K0

水管造型隔断柜

C22 M31 Y40 K0
C0 M0 Y0 K0

原木餐桌

C22 M31 Y40 K0
C80 M61 Y65 K19

原木餐桌

C62 M56 Y54 K0
C23 M16 Y73 K0
C43 M67 Y82 K0

灰色亚麻布艺床品

C0 M0 Y0 K0
C54 M43 Y36 K0
C39 M34 Y35 K0

纯毛地毯

水泥灰呈现老旧摩登感

水泥灰可以凸显出极强的工业气质，搭配白色，令空间呈现个性化气息。在空间设计时，可以将水泥灰色用于地面、墙面或家具中，再配以做旧的家具；搭配工业气息的装饰物，令空间老旧却摩登感十足。

C0 M0 Y0 K0　C61 M35 Y40 K0　C63 M48 Y36 K0

水泥灰色茶几

C41 M44 Y45 K0　C38 M31 Y29 K0　C0 M0 Y0 K0　C36 M44 Y52 K0　C45 M98 Y93 K15　C38 M31 Y29 K0

钻石形灯　水泥灰色地毯　原木篮椅　水泥灰台面

C62 M56 Y54 K0　C0 M0 Y0 K0

C83 M78 Y74 K57

C32 M24 Y27 K0

C30 M44 Y60 K0

水泥灰色地毯

子母茶几　水泥灰色地毯

C51 M74 Y100 K19　C83 M78 Y74 K57

C43 M40 Y37 K0

C0 M0 Y0 K0　C61 M67 Y80 K25

C15 M41 Y67 K0

鱼线灯　水泥灰色餐桌

做旧原木餐桌

C41 M32 Y26 K0　C63 M55 Y48 K0
C71 M34 Y48 K0

水泥灰色吧台

C64 M82 Y87 K53
C0 M0 Y0 K0

实木餐桌椅

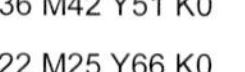

C36 M42 Y51 K0　C85 M80 Y80 K68
C22 M25 Y66 K0

原木餐桌　伊姆斯椅

C0 M0 Y0 K0　C36 M42 Y51 K0
C85 M80 Y80 K68

原木餐桌　水泥灰色地毯

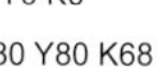

C0 M0 Y0 K0　C10 M20 Y31 K0
C85 M80 Y80 K68

原木餐桌

C0 M0 Y0 K0
C34 M48 Y60 K0

原木餐桌椅

伊姆斯椅 水泥灰色地毯

C0 M0 Y0 K0 C52 M68 Y80 K13
C35 M37 Y39 K0

水泥灰色摆件 不锈钢餐椅

C0 M0 Y0 K0 C52 M68 Y80 K13
C72 M64 Y58 K13

水泥灰色床

C58 M53 Y61 K0 C61 M43 Y83 K0
C0 M0 Y0 K0

水泥灰色鱼线灯 原木餐桌

C52 M68 Y80 K13

水泥灰色地毯

金属色的裸露管线展现北欧工业风格的个性

工业个性风格对于管线的处理与传统装饰不同，不再刻意将各种水电管线用管道隐藏起来，而是将各种金属色的管线作为室内的装饰元素，经过方位及色彩配合，打造出别有风趣的亮点装饰，这种推翻传统的装饰方法也是最亮眼的方法。

C0 M0 Y0 K0　C18 M33 Y45 K0　C65 M73 Y0 K0　C38 M31 Y29 K0

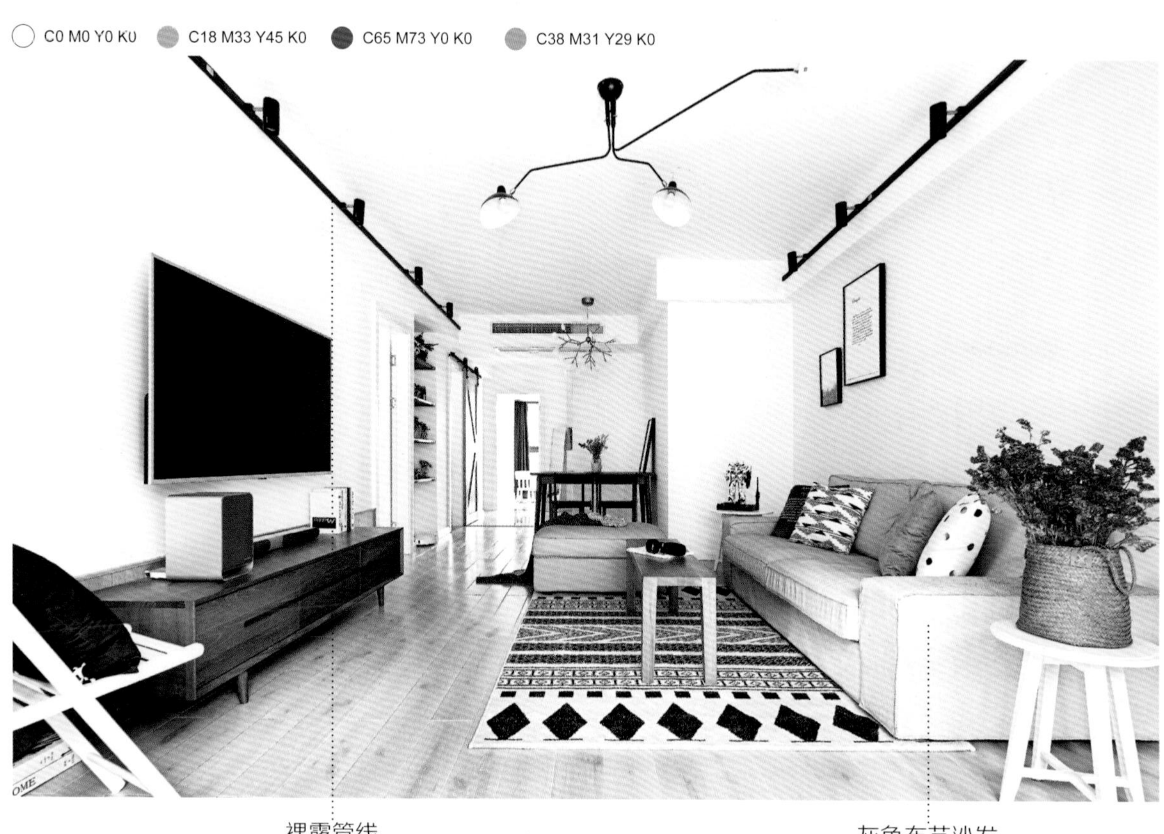

裸露管线　灰色布艺沙发

C41 M44 Y45 K0　C38 M31 Y29 K0　C62 M70 Y58 K11

裸露管线　伊姆斯椅

C0 M0 Y0 K0　C38 M31 Y29 K0　C80 M76 Y80 K60

鱼线灯　原木吧台椅

C80 M76 Y80 K60 C11 M37 Y66 K0
C0 M0 Y0 K0

C80 M76 Y80 K60 C46 M34 Y30 K0
C40 M46 Y58 K0

子母茶几

C0 M0 Y0 K0 C60 M57 Y65 K6
C47 M38 Y33 K0

伊姆斯椅

伊姆斯椅 铁艺网

C0 M0 Y0 K0 C56 M71 Y65 K14
C80 M76 Y80 K60 C19 M15 Y19 K0

C0 M0 Y0 K0 C23 M52 Y70 K0
C82 M59 Y67 K19

纯色餐椅 金属管线

旧风扇 裸露管线

C13 M5 Y80 K0　C0 M0 Y0 K0
C83 M78 Y74 K57

铁艺餐椅　多头金属灯

C32 M24 Y27 K0　C83 M78 Y74 K57
C30 M44 Y60 K0

裸露管线

C45 M19 Y14 K0　C22 M30 Y57 K0
C89 M59 Y77 K28

几何造型金属椅

C0 M0 Y0 K0　C81 M69 Y49 K8
C47 M70 Y74 K7

裸露管线　鱼线灯

C52 M57 Y58 K0
C77 M72 Y63 K30
金属色吧台椅
C66 M47 Y32 K0
C36 M36 Y43 K0
铁网
金属色吧台椅
C66 M47 Y32 K0
C0 M0 Y0 K0
C37 M38 Y47 K0
轻质砖体隔墙
亚麻布艺沙发
C30 M23 Y19 K0
C77 M49 Y100 K11
C80 M76 Y80 K60
裸露管线
钨丝灯

原木板式家具展示清新的原始美

木材是北欧风格装修的灵魂，原木板式家具是其中的重要角色。这种使用不同规格的人造板材，再以五金件连接的家具，可以组合出千变万化的款式和造型。另外，其柔和的色彩，细密的天然纹理，可以很好地展示舒适、清新的原始美。

C0 M0 Y0 K0　C71 M50 Y60 K0　C63 M68 Y72 K23

伊姆斯摇椅　原木板式电视柜

C0 M0 Y0 K0　C70 M62 Y59 K11　C62 M70 Y58 K11

魔豆灯　木框架沙发

C0 M0 Y0 K0　C38 M31 Y29 K0　C80 M43 Y48 K0

木框架沙发　麋鹿墙饰

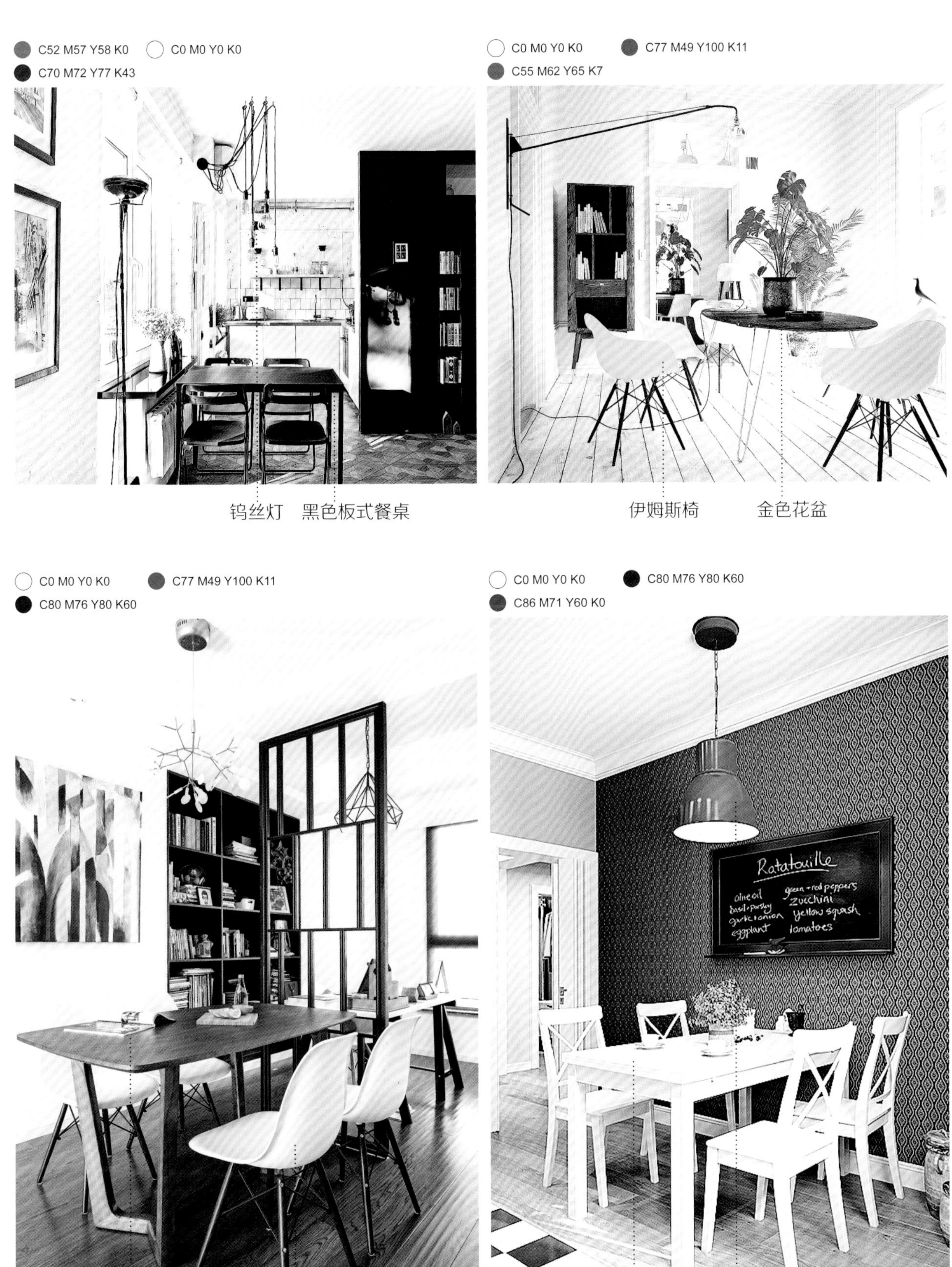

原木板式餐桌 伊姆斯椅

白色板式餐桌 烤漆吊灯

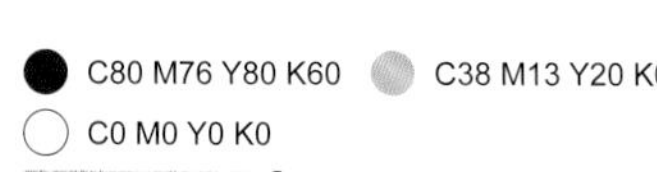
C80 M76 Y80 K60　C38 M13 Y20 K0
C0 M0 Y0 K0

鱼线灯　白色板式餐桌

C49 M59 Y73 K0　C46 M34 Y30 K0
C0 M0 Y0 K0

板式餐桌

C60 M51 Y40 K0　C12 M42 Y75 K0
C49 M59 Y73 K0

原木色板式家具

12
/　3
6

C50 M55 Y62 K0
C60 M51 Y40 K0

原木色餐椅　鱼线灯

C60 M51 Y40 K0
C50 M55 Y62 K0

水泥灰色工业灯

C49 M69 Y92 K11
C83 M78 Y74 K57
动物皮地毯
钻石形灯
C0 M0 Y0 K0
C72 M56 Y54 K5
C43 M33 Y45 K0
复古钨丝灯
板式餐桌
C51 M74 Y100 K19
C72 M68 Y62 K21
C35 M31 Y23 K0
FEEL
FREE
低矮板式床
伊姆斯椅
C0 M0 Y0 K0
C48 M31 Y33 K0
C51 M92 Y93 K31
板式餐桌
鱼线灯

水管造型、金属材质家具彰显粗犷格调

北欧工业风格除了在材料选用上极具特色，软装家具也非常有特点。北欧工业风格家具可以让人联想到二十世纪的工厂车间，水管风格家具、做旧的木家具、铁质架子、tolix 金属椅等非常常见，这些古朴的家具让工业风格从细节中彰显粗犷、个性的格调。

C0 M0 Y0 K0　C74 M66 Y69 K28　C52 M82 Y80 K22

金属茶几

C47 M40 Y36 K0　C61 M61 Y63 K0

木框架沙发

C0 M0 Y0 K0　C48 M35 Y25 K0　C80 M76 Y80 K60

金属茶几　棉麻布艺沙发

C90 M75 Y49 K12　C56 M56 Y60 K0　C0 M0 Y0 K0　C53 M88 Y100 K35

魔豆灯

C19 M27 Y41 K0　C80 M76 Y80 K60　C59 M70 Y80 K26

做旧金属箱　麋鹿墙饰

C0 M0 Y0 K0　C81 M67 Y60 K21
C31 M41 Y44 K0

水管风格餐椅　原木餐桌

C44 M71 Y77 K5　C24 M45 Y54 K0
C56 M54 Y52 K0

水管风格餐椅

TIPS

水管家具更方便打造工业气息

工业风格的顶面会适时地露出金属管线和水管，为了搭配这一元素，出现了很多以金属水管为结构制成的家具，如同为了工业风格而独家打造一样。如果家中已经完成所有装潢，无法把墙面打掉露出管线，水管风格的家具会是不错的替代方案。

C44 M71 Y77 K5　C24 M45 Y54 K0
C0 M0 Y0 K0

金属吧台椅　做旧的实木茶几

C0 M0 Y0 K0　C35 M31 Y23 K0
C55 M65 Y78 K13

C0 M0 Y0 K0　C55 M46 Y42 K0
C32 M18 Y20 K0　C11 M19 Y8 K0

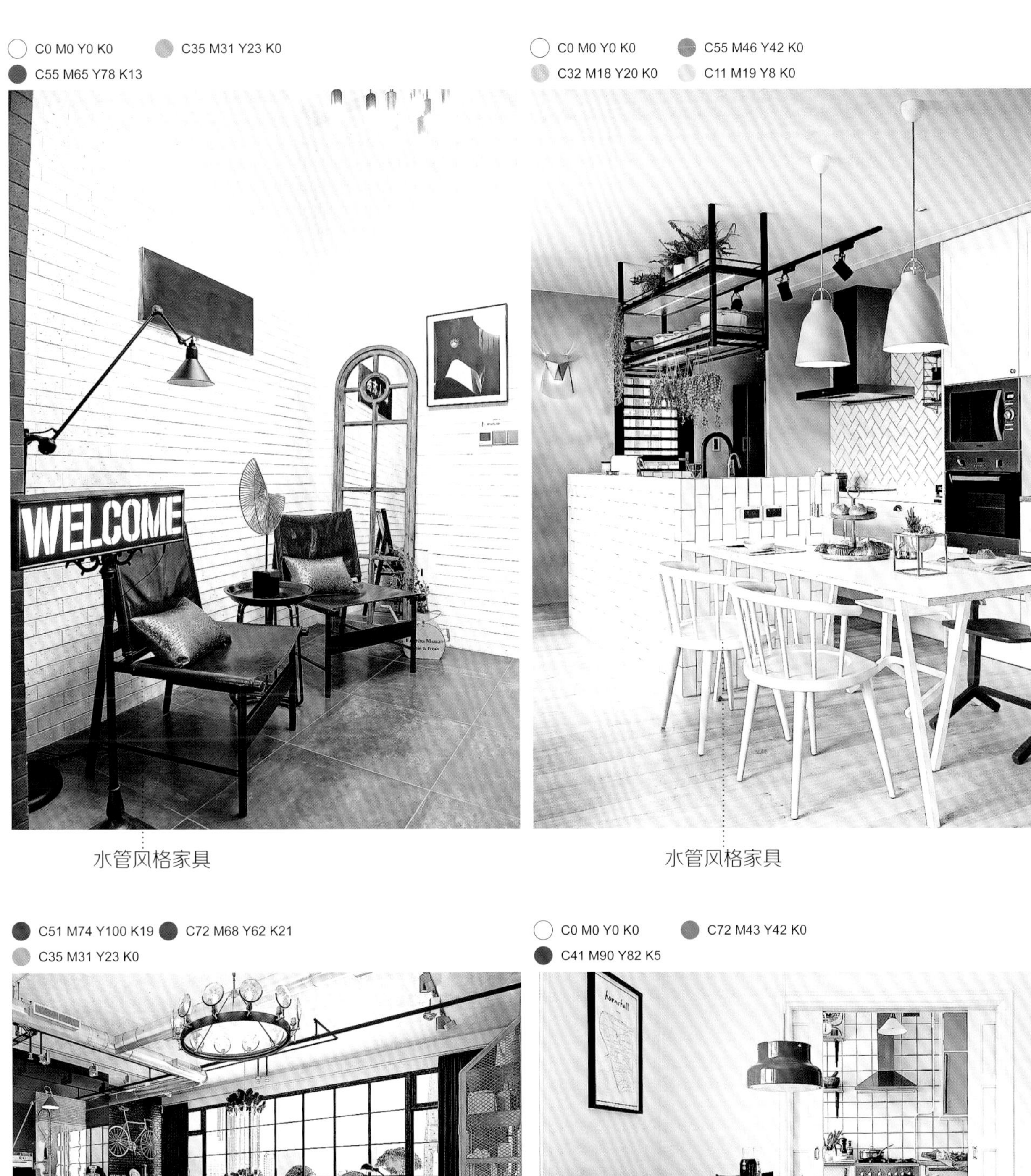

水管风格家具

水管风格家具

C51 M74 Y100 K19　C72 M68 Y62 K21
C35 M31 Y23 K0

C0 M0 Y0 K0　C72 M43 Y42 K0
C41 M90 Y82 K5

水管风格吧椅

tolix 金属椅

水管风格座椅

水管造型饰品、各种旧物是北欧工业风的装饰重点

各种水管造型的装饰，如墙面搁板书架、水管造型摆件等，最能体现北欧的工业特征。另外，身边的陈旧物品，如旧皮箱、旧自行车、旧风扇等，在北欧工业风格的空间陈列中拥有了新生命。羊头、牛头、油画、水彩画、工业模型等细节装饰，则是北欧工业风的装饰表达重点。

C0 M0 Y0 K0　C11 M22 Y39 K0　C34 M31 Y30 K0

水管风格座椅　皮球坐墩

C15 M15 Y9 K0　C34 M75 Y86 K0　C0 M0 Y0 K0

棉麻布艺沙发　皮座椅

C0 M0 Y0 K0　C48 M35 Y25 K0　C80 M76 Y80 K60

复古的实木装饰　棉麻布艺座椅

C0 M0 Y0 K0　C28 M43 Y57 K0
C80 M76 Y80 K60

自然效果的家具

C0 M0 Y0 K0　C28 M43 Y57 K0
C80 M76 Y80 K60

旧木头　贝壳椅

C82 M47 Y28 K0　C33 M32 Y37 K0
C53 M61 Y63 K5

做旧原木角几　组合挂画

C20 M19 Y23 K0　C0 M0 Y0 K0
C0 M96 Y93 K0

工业灯　铁艺座椅

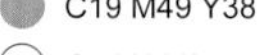
C19 M49 Y38 K0　C41 M57 Y75 K0
C0 M0 Y0 K0

纯色布艺座椅　做旧收纳盒

C62 M0 Y16 K0　C0 M0 Y0 K0
C11 M29 Y66 K0

藤编收纳篮

C49 M42 Y38 K0　C0 M0 Y0 K0
C11 M29 Y66 K0

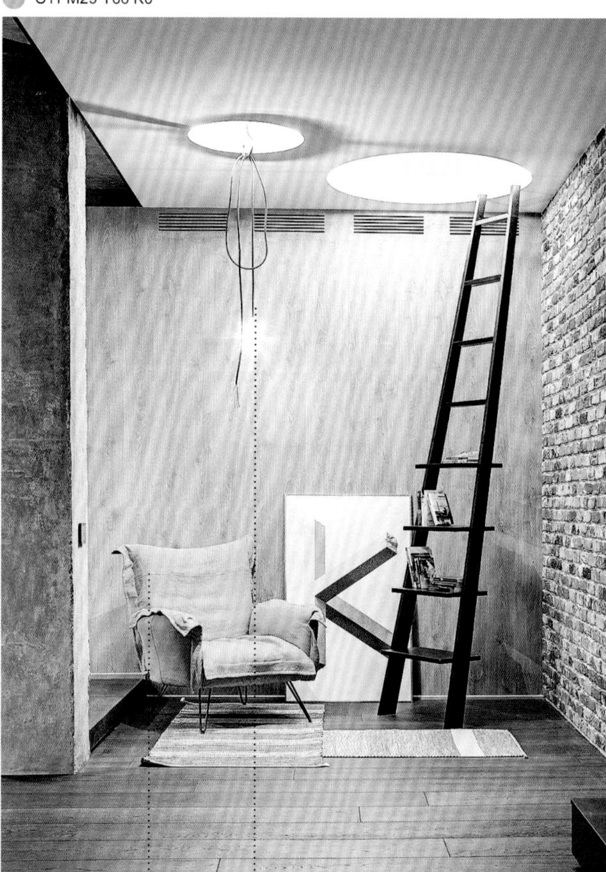

做旧休闲椅　工业风灯具

C49 M93 Y100 K24
C52 M68 Y80 K13
C0 M0 Y0 K0
板式书桌
C67 M60 Y58 K8
C46 M34 Y30 K0
C35 M48 Y81 K0
做旧浴室柜
C0 M0 Y0 K0
C52 M68 Y80 K13
C55 M51 Y51 K0
金属桌子
原木坐凳
抽象艺术画
C0 M0 Y0 K0
C66 M60 Y58 K7
C0 M0 Y0 K0
C52 M68 Y80 K13
C55 M51 Y51 K0
做旧电视柜
榻榻米
旧皮包

各种夸张抽象的图案令北欧工业风格更具神秘感

工业风格是时下很多追求个性与自由的年轻人的最爱，这种风格本身所散发出的粗犷、神秘、机械感特质，让人为之着迷。工业风格的造型和图案也打破传统的形式，扭曲或不规则线条，斑马纹、豹纹或其他夸张抽象的图案被广泛运用，凸显工业气质。

C0 M0 Y0 K0　C85 M53 Y43 K0　C37 M57 Y68 K0

做旧字母挂画　金属贝壳椅

C22 M32 Y74 K0　C37 M57 Y68 K0　C80 M76 Y80 K60

亚麻布艺沙发　抽象艺术画

C0 M0 Y0 K0　C85 M53 Y43 K0　C75 M72 Y65 K32

铁艺子母茶几　简约布艺沙发

C63 M57 Y75 K12　C13 M42 Y75 K0
C37 M53 Y58 K0

蜘蛛灯　纯色皮沙发

C36 M36 Y43 K0
C80 M32 Y32 K0

抽象墙饰

C34 M28 Y30 K0　C80 M32 Y32 K0
C71 M51 Y96 K11

自然图案抱枕　造型夸张的挂画

C34 M28 Y30 K0　C21 M25 Y71 K0
C71 M51 Y96 K11

板式餐桌　抽象艺术画

C30 M35 Y46 K0
C55 M65 Y78 K13

猪造型茶几

C0 M0 Y0 K0
C17 M18 Y29 K0
C13 M11 Y41 K0
C80 M76 Y80 K60

夸张人物造型画

C0 M0 Y0 K0
C21 M25 Y71 K0
C80 M76 Y80 K60
C5 M57 Y58 K0

抽象艺术画　黄色泰迪熊椅

C55 M65 Y78 K13
C72 M43 Y42 K0
C21 M25 Y71 K0

子母茶几　抽象挂画